WERKSTATT
OTTO
DORFNER

KLASSIK
STIFTUNG
WEIMAR

WERKSTATT OTTO DORFNER

Buchkunst in Weimar

Herausgegeben von
Thomas Föhl

Mit Beiträgen von
John Dieter Brinks, Beate Dorfner-Erbs,
Thomas Föhl und Frank Sellinat

HIRMER

KLASSIK
STIFTUNG
WEIMAR

RILKE DUINESER ELEGIEN
RAINER
MARIA
RILKE
DUI
NESER
ELEGIEN

INHALT

1 Otto Dorfner (mittig stehend) im Kreis von Mitarbeitern und Schülern im Direktorenzimmer Henry van de Veldes in der ehemaligen Kunstgewerbeschule, um 1920

EINLEITUNG

THOMAS FÖHL

2 Franz Heffels, *Porträt Otto Dorfner*, 1919

AM 13. JUNI 1885 IN SCHWABEN als Sohn einer gut situierten Familie geboren, lernte Otto Dorfner das Buchbinderhandwerk zunächst im heimischen Kirchheim unter Teck. Nach der Meisterprüfung in Meiningen absolvierte er ab 1908 in Berlin die Fachschule des renommierten Buchbinders Paul Kersten. Er belegte dort außerdem Schriftkurse bei Ludwig Sütterlin und bereicherte im Anschluss seine Fertigkeiten des Handvergoldens.

Wir erinnern uns heute an den Buchkünstler Otto Dorfner in vielerlei Hinsicht. Prägend war zunächst – neben einer fundierten Vorbildung – die Berufung des damals 25-jährigen Schwaben zum Leiter der Buchbinderwerkstatt der Großherzoglichen Kunstgewerbeschule in Weimar. Deren Direktor Henry van de Velde war 1910 einer Empfehlung Paul Kerstens gefolgt und setzte große Hoffnungen in den jungen Mann. Aus bescheidenen Anfängen baute der Buchbindemeister in kürzester Zeit eine Abteilung auf, die sich außerordentlich positiv zu einer Lehr- und Produktivwerkstatt entwickelte. Zum Haushalt der Kunstgewerbeschule, die rund die Hälfte ihres Budgets selbst erwirtschaften musste (!), trug Dorfners Abteilung in den Folgejahren mit Abstand den größten Anteil bei.

Henry van de Velde, der im Juli 1914 seine Stellung aufgekündigt hatte, führte die Kunstgewerbeschule noch zwei Semester fort, ehe seine mit Engagement und Leidenschaft aufgebaute Reformanstalt zum 1. Oktober 1915 aufgelöst und in ein Notlazarett umgewandelt wurde. Dorfner konnte dagegen seine Abteilung auf privater Basis als »Staatlich unterstützte Fachschule für kunstgewerbliche Buchbinderei« weiterführen. Im April 1918 erwarb er von der Großherzoglichen Schatullverwaltung die komplette Einrichtung mit dem Gros der Stempel, den Werkzeugen sowie allen Maschinen und wurde im Folgejahr von Walter Gropius in seiner bisherigen Funktion an das neugegründete Bauhaus übernommen. Im Jahr 1922 kündigte Dorfner und machte sich selbstständig, unterrichtete aber weiterhin einige seiner bisherigen Bauhausschüler. Die Bindungen blieben daneben menschlich eng geknüpft, wie eine Fülle von Kunstwerken belegt, die Dorfner von Bauhäuslern teils zum Geschenk erhielt, meist aber erworben hatte, um den notleidenden Schülern und Lehrern in den Widrigkeiten der Inflationszeit beizustehen.

Während seiner Tätigkeit für die Kunstgewerbeschule und das frühe Bauhaus nahm Otto Dorfner Anregungen auf, die den Einfluss van de Veldes und einzelner Bauhausmeister spürbar werden lassen. Diese Stilanleihen blieben allerdings nur Episode. Ein Überblick seines reichen Œuvres über fünf Jahrzehnte zeigt demgegenüber einen so prägnanten wie unverwechselbaren Stil des Buch- und Schriftkünstlers, der vorwiegend mit dem Dekor der Linie und einem virtuosen Umgang mit dem Bogensatz arbeitete, vielfach unter Einbezug von Schriften. Sein lebenslang verfolgtes Credo blieb stets die untrennbare Einheit von Kunst und Handwerk, eine Forderung, der van de Velde seit den 1890er-Jahren nachgekommen war und für die das Bauhaus und seine Lehre 1919 in Abwandlung ebenfalls wieder stand. Aufgrund dieser Haltung Dorfners war es nur folgerichtig, dass Harry Graf Kessler – der seinerseits als Intellektueller das Weimarer Bauhaus vollständig ignoriert hat – einen Teil der luxuriösen Drucke seiner Cranach Presse an Otto Dorfner zum Binden übergab.

Aufschlussreich erscheint in diesem Kontext ein Vergleich von Einbänden der Kunstgewerbeschule, die auf Entwürfe van de Veldes zurückgehen, mit solchen, die vor 1914 eindeutig Dorfner zuzurechnen sind, da sie in Publikationen der Schule abgebildet oder in seiner Einbandsammlung bewahrt wurden. Wie ausgeführt, musste die Buchbindeabteilung als Produktivwerkstatt zum Budget der Schule beitragen. Van de Velde zog hierfür seine weitverzweigte Kundschaft heran, die sich belegbar Hunderte von Büchern einbinden ließ. Erhalten hat sich eine Reihe alter Rechnungen, die für schlichte Einbände Preise von 1,20 bis 2,50 Mark nennen, für Ganzlederbände bis zu fünfzig Mark. Die Überlieferung bezieht sich auf den Nachlass des Berliner Malers Curt Herrmann, der neben den Rechnungen noch zahlreiche dieser Einbände birgt. Seit 1897 einer der ersten deutschen Kunden Henry van de Veldes, ließen er und seine Frau sich Belletristik, aber auch Fachliteratur in schlichten Edelpappbänden liefern, die nur an den Ecken kaum wahrnehmbar mit Pergament ebenso verstärkt waren wie an Kopf und Schwanz des Rückens. Die Buchtitel wurden entweder direkt auf den Rücken geprägt oder als kleine Lederschildchen aufgeklebt. An Vorsätzen finden wir teils elegante Musterpapiere, die auf frühe Entwürfe van de Veldes zurückgehen oder handgefertigte Bunt- und Kleisterpapiere. Die Bezugsmaterialien variieren zwischen schlichten, mit Gewebegaze kaschierten Buntpapieren, gemusterten Papieren (ähnlich den frühen Ausgaben der populären »Insel-Bücherei«) bis hin zu einfachsten Packpapieren in den Farben Karminrot, Dunkelblau, Hellbraun oder Grau, die man zusätzlich mit Wachs glättete (vgl. **ABB. 3**). Im Ganzen finden wir in diesen Einbänden eine – nach van de Veldes Credo einer »vernunftgemäßen Gestaltung« – völlig unprätentiöse Modernität, die das Bauhaus erst über ein Jahrzehnt später mit der Typografie eines Herbert Bayer oder László Moholy-Nagy wieder erreichen konnte. Die Mitarbeiter Dorfners haben diese zahlreichen Einbände angefertigt, der Leiter selbst folgte dagegen – wie ausgeführt – lebenslang seinem hohen Handwerksideal des Handeinbands in herausragender Fertigung und einprägsamem Dekor (vgl. **ABB. 4**).

Das Jahr 1922 markierte für Otto Dorfner mit der – von beiden Seiten aus betriebenen – Lösung vom Bauhaus außerdem die Gründung des privaten Reiher-Verlags. In den Jahren der galoppierenden Inflation schossen bibliophile Verlagsprojekte und Handpressen wie Pilze aus dem Boden, da sich die Kunden zunehmend in Sachwerte flüchteten. Wie den meisten dieser Neugründungen war dem Reiher-Verlag, den Dorfner mit seiner Frau Margarethe führte, nur ein kurzes Leben beschieden, denn nach 1933 taucht er in den Adressbüchern der Stadt nicht mehr auf. Gemeinsam mit den befreundeten Professoren der Kunstschule Walther Klemm und Alexander Olbricht wurden Grafikeditionen beider Künstler verlegt sowie eine Handvoll illustrierter Werke von Honoré de Balzac, von Voltaire oder den Gebrüdern Grimm, deren Verkaufswert sich durch die eleganten Einbände Dorfners steigerte. Als Anregung hatte vermutlich die

FREUD
TRAUM-
DEUTUNG
BARBUSSE
L'ENFER
VERHAEREN
LA
MULTIPLE
SPLENDEUR

3 Henry van de Velde (Entwürfe), Auswahl von Gebrauchseinbänden für seine langjährigen Kunden Curt Herrmann und Dr. Alfred Wolff; ausgeführt von der Buchbinderwerkstatt der Kunstgewerbeschule, um 1910

Cranach Presse gedient, die zwar bereits 1913 gegründet worden war, aber erst nach dem Krieg ihre Arbeit in Weimar unter der peniblen Anleitung von Harry Graf Kessler aufgenommen hatte. Henry van de Velde dagegen hat die Cranach Presse bis 1917 für eine ganze Reihe privater Aufträge sowie für Drucksachen der Kunstgewerbeschule genutzt, unter anderem seiner Jahresberichte, dem Programm und Lehrplan der Fachkurse für Buchbinder sowie seiner Denkschrift von 1914, die er 1915 nochmals erweiterte, um ein Fazit seiner Tätigkeit in Weimar zu ziehen. Dorfner besaß all diese entlegenen wie seltenen Privatdrucke nebst den übrigen Schriften van de Veldes aus jener Zeit. Er hat sie sämtlich als kostbare Reminiszenzen der eigenen Laufbahn für die Sammlung seiner Einbände zumeist in Ganzpergament gebunden und mehrfach ausgestellt, zuletzt in seinem Todesjahr 1955 in Weimar und Stuttgart.

Im Jahr 1926 wurde Dorfner zum Professor an die Neugründung der »Hochschule für Handwerk und Baukunst« berufen. Deren Direktor Otto Bartning, der bereits Ende 1918 im Berliner »Arbeitsrat für Kunst« maßgeblich an der Ausarbeitung und Formulierung des Bauhaus-Manifests von Gropius beteiligt gewesen war, trat damit dessen Nachfolge an in dem Bemühen, seine Hochschule wieder enger mit dem Handwerk und der Industrie in Thüringen zu verknüpfen. Dorfners Fachschule wurde mit ihrem Standort im Privathaus des Buchkünstlers der neuen Lehrstruktur eingegliedert, wobei Dorfner zusätzlich die Fächer Schriftgestaltung und Betriebswirtschaftslehre unterrichtete.

Die bereits 1930 in Thüringen an die Macht gelangten Nationalsozialisten entließen umgehend Otto Bartning und weitere 29 seiner 32 Lehrkräfte. Unter der Leitung des Architekten Paul Schultze-Naumburg wurde der Lehrbetrieb umformiert zur »Hochschule für Baukunst, bildende Künste und Handwerk«, wobei Dorfner als einer der wenigen bisherigen Lehrkräfte auf seinem Posten verbleiben konnte. Im Jahr 1932 wurde er zum Direktor der Handwerksabteilung befördert, die vom Hochschulverband 1942 zu einer selbstständigen »Meisterschule für das gestaltende Handwerk« ausgegliedert wurde. In der Zwischenzeit war Dorfner außerdem 1934 zum Leiter der »Landesstelle für Handwerksförderung« berufen worden.

Die Häufung verantwortungsvoller Tätigkeiten im »Dritten Reich« bildete sich außerdem in dem Umstand ab, dass Dorfner bis 1945 in sämtlichen Standesvereinigungen des Buchbindergewerbes sowie allen einschlägigen Vereinen Vorstandsämter wahrnahm. Folglich ist kaum vorstellbar, dass Dorfner in dieser langen Periode als Funktionär und Lehrkraft die Zeit fand, selbst noch Bucheinbände herzustellen. Vielmehr ist davon auszugehen, dass er zwar weiterhin Entwürfe fertigte, diese hingegen von seinen meist langjährigen Mitarbeitern ausführen ließ. Sein Ringen um eine stetige Verbesserung der Ausbildung und den Fortbestand des zunehmend von der Industrie verdrängten Handwerks in privat geführten Buchbindereien belegen außerdem seine publizistischen Aktivitäten in den Fachjournalen, die für die 1930er- und frühen 1940er-Jahre in beachtlicher Zahl vorliegen.

In diesem Kontext steht symptomatisch der von ihm Ende der 1920er-Jahre entwickelte »Dorfner-Kasten«. Es handelte sich hierbei um eine aufklappbare Holzlade mit den wichtigsten Werkzeugen eines Buchbinders, der auf ähnliche Kästen zurückgeht, die von Buchbindern bereits im 19. Jahrhundert auf ihrer Wanderschaft mitgeführt wurden. Den »Dorfner-Kasten«, seit 1930 vertrieben von der Stuttgarter Firma Wilhelm Leos Nachfolger, gab es in drei Ausführungen. Die billigste Ausführung für Lehrlinge kostete neun Reichsmark; der 4,5 Kilogramm schwere Kasten für Gesellen schlug demgegenüber mit fünfzig Reichsmark zu Buche und für die teuerste, sechs Kilogramm schwere Ausführung mussten Meisterbuchbinder siebzig Reichsmark bezahlen. Die beiden letzteren »Dorfner-Kästen« verfügten zudem über eine Vorrichtung, die es erlaubte, sie über dem Arbeitsplatz aufzuhängen. Dem »Dorfner-Kasten« war ein beachtlicher Erfolg beschieden und er wurde beständig in allen Fachjournalen inseriert.

Nach 1945 hatte Dorfner keine öffentlichen Ämter mehr inne und selbst seine über Jahrzehnte währende Arbeit in den Vorständen sämtlicher Standesvereinigungen des Buchbindergewerbes entfiel allmählich – weitgehend aufgrund der Teilung Deutschlands. Den Fortgang seines Lebens und seiner Tätigkeiten sind den persönlich geprägten Schilderungen seiner Enkeltochter zu entnehmen. John

4 Otto Dorfner, Einband zu Longus, *Daphnis und Chloe*, um 1913

Dieter Brinks, der Freund und Mitstreiter im Dienste der Buchkunst von Harry Graf Kessler und Henry van de Velde seit zwanzig Jahren, hat sich dankenswerterweise ebenfalls bereit gefunden, einen fundierten Beitrag zur Stellung Dorfners in der europäischen Buchkunst des 20. Jahrhunderts beizusteuern. Der abschließende Aufsatz von Frank Sellinat geht insbesondere auf die vier opulenten »Bücherschreine« der Sophienausgabe Johann Wolfgang von Goethes mit dessen Gesamtwerk ein, die in den Jahren von 1948/49 bis 1954 entstanden waren, und reflektiert damit noch einmal die lebenslange Auseinandersetzung Dorfners mit dem Erbe der Weimarer Klassik. Zudem sei auf die Kataloge von Mechthild Lobisch (1999) und Michael Siebenbrodt (2014) verwiesen.

Nachzutragen sind die Feierlichkeiten, die in Weimar vom 25. bis 27. Juni 1960 zu Dorfners 75. Geburtstag und zugleich seinem fünftem Todesjahr begangen wurden, offiziell organisiert durch den Kulturbund und die Stadt Weimar. Die Presse brachte lokal, vor allem jedoch überregional eine Fülle von Artikeln. Allein das im Hettler-Verlag erschienene Fachjournal *Allgemeiner Anzeiger für Buchbindereien* publizierte 1960 vier Artikel über Dorfner. Neben der Betonung seiner herausragenden Leistungen als einer der bedeutendsten Buchbinder Deutschlands, Funktionär des thüringischen Handwerks und Vorstand aller wichtigen Verbände und Buchbindervereinigungen, wurde hier ein Jahr vor dem Bau der Berliner Mauer letztmalig der dringliche Wunsch nach einer intensiveren Zusammenarbeit zwischen Ost und West formuliert. Von näherem Interesse ist hier der Artikel des Verlagsleiters Max Hettler *In memoriam Otto Dorfner*, der im selben Jahr in seinem Stuttgarter Fachverlag eine Monografie des Buchkünstlers von Wolfgang Eckardt herausgab, einem Leipziger Buchbindemeister und ehemaligen Schüler Dorfners, die – den damals noch üblichen Gepflogenheiten gemäß – in der Form einer Broschur oder in losen Bogen für 16 DM erhältlich war. Der gelernte, 1907 geborene Buchbinder Max Hettler war zudem ein engagierter Sammler wertvoller Einbände, die 2001 als ein Gesamtkonvolut von seiner Familie an die Württembergische Landesbibliothek verkauft wurden. Bemerkenswert bleibt Hettlers Artikel vor allem deshalb, da er nicht nur Dorfners Verdienste als wichtiger Buchbinder

5 Otto Dorfner, Einband zum Programm *Aufbau und Ziel* der Staatlichen Bauhochschule Weimar, 1927; Dorfner wurde für diese Publikation von Otto Bartning außerdem mit der gesamten Typografie betraut

und Verbandsfunktionär herausstellte, sondern daneben die Rolle beleuchtete, die er seit 1934 als Leiter der »Landesstelle für Handwerksförderung« wahrgenommen hatte. Über eine Generation später schlüpfte Dorfner quasi erneut in die Funktion Henry van de Veldes, der 1902 zum Berater von Großherzog Wilhelm Ernst von Sachsen-Weimar-Eisenach ernannt worden war, um die Kunsthandwerker und Kleinindustrien des Landes im Hinblick auf eine modernere Formgebung mit Entwürfen und Modellen zu unterstützen. Hettler rekapitulierte in seinem Nachruf ein Gespräch mit Dorfner in der Reichsbahn, das beide kurz vor Ausbruch des Zweiten Weltkriegs 1939 von Leipzig nach Weimar geführt hatten:

»[...] in Leipzig war die Messe gewesen, und der damalige Reichsinnungsverband des Buchbinderhandwerks hatte seine Gemeinschaftsausstellung durchgeführt [...]. Aber ich will von Otto Dorfner erzählen. Vor der Heimfahrt [...] traf ich Otto Dorfner und wir fuhren bis Weimar zusammen im Abteil. [...] Nie werde ich vergessen, wie Otto Dorfner nach anfänglicher Zurückhaltung begann, von seiner Arbeit zu erzählen. Nicht vom Schaffen als Buchbinder oder als Lehrer an seiner Fachschule [...]. Er erzählte noch unter dem Eindruck der Messe, wie er den Auftrag der Thüringer Regierung erhalten hatte, das geschmacklich und organisatorisch steckengebliebene Kleinhandwerk in die heutige Wirtschaft einzubauen. Er ging zu den Holzschnitzern im Thüringer Wald, zu den Glasbläsern und Spielwarenherstellern, draußen in verlassenen Dörfern am Rennsteig, abseits vom Umtrieb der Welt. Er ließ sich ihre Arbeiten zeigen und machte Vorschläge, wie man dasselbe Stück besser und moderner und farblich anständiger machen könne. Er kam wieder und prüfte die Fortschritte. Dann ging er nach langer Vorbereitung mit den ersten Werkstätten auf die Leipziger Messe. Dort wurde nicht nur ausgestellt (und der Stand des Thüringer Kunsthandwerks hatte bald einen guten Namen), sondern Dorfner ging mit seinen Schützlingen von Stand zu Stand und betrachtete mit ihnen, was andere Werkstätten, oft aus völlig fremden Berufen, zur Messe gebracht hatten. Er schulte ihren Geschmack, ihren Formensinn. Es war eine langwierige Aufbauarbeit, heute würde man solches Schaffen das eines ›Handwerkspflegers‹ nennen. Nur hat Dorfner das schon vor zwei Dutzend Jahren

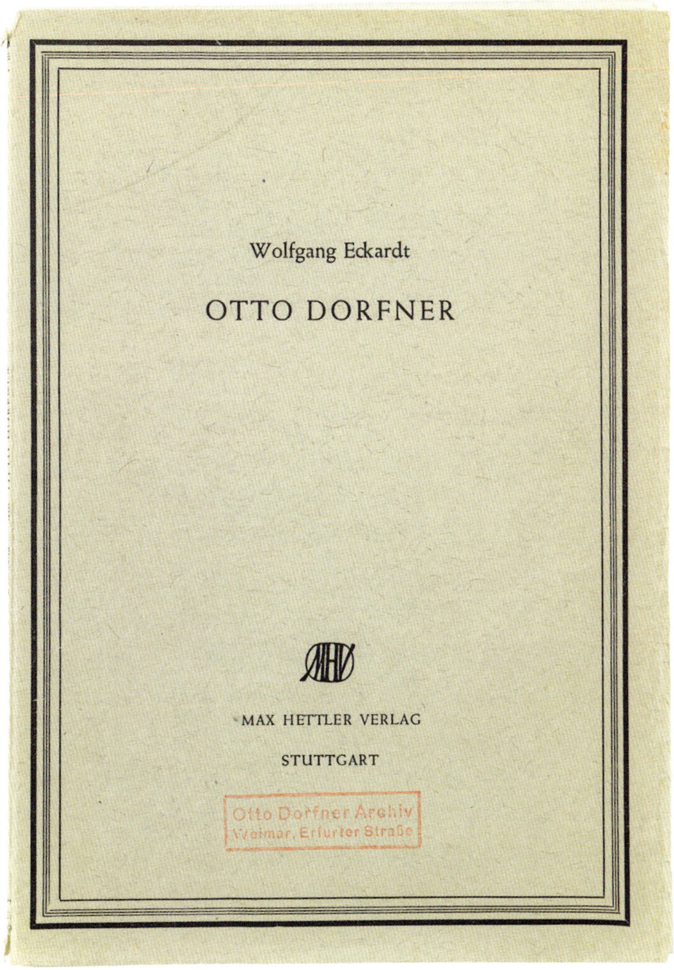

6 Wolfgang Eckardt, *Otto Dorfner*, Stuttgart 1960; die erste ausführliche Monografie über den Buchkünstler hat sich in der Handbibliothek der Werkstatt mit einem Stempel des nur wenige Jahre bestehenden »Dorfner-Archivs« erhalten

vorexerziert. [...] Und er war stolz und froh, daß auf der just besuchten Messe wieder eine ganze Reihe seiner Schützlinge gezeigt hatte, daß sie würden auf eigenen Beinen stehen können, daß sie gezeigt hatten, ihre Arbeiten würden sich zu spezifischen, eigenen Leistungen entwickeln. [...] Das war die Arbeit eines echten Idealisten, klar erkannt, nüchtern durchgeführt und doch mit ganzem Herzblut geleistet.«

Wir haben diesen Artikel als »bemerkenswert« gekennzeichnet – und »bemerkenswert« ist zugleich, daß sich Dorfner in diesem Kontext – laut Hettler – nicht auf Henry van de Velde berief, seinen ersten Weimarer Vorgesetzten. Vielmehr bemühte Dorfner den Juristen Hermann Freiherr von Mittnacht, seit 1879 württembergischer Ministerpräsident, der im letzten Viertel des 19. Jahrhunderts in dem kleinen südwestdeutschen Agrarstaat mit seiner Politik der Gewerbeförderung den Grundstein legte für dessen bis heute expandierende Industrialisierung.

Wie auch immer: Im Jahr 1960 trafen sich in Weimar letztmalig über dreihundertfünfzig Freunde, Schüler und Kollegen im Gedenken an Otto Dorfner während eines ausgiebigen, von staatlicher wie kommunaler Seite geförderten Programms, das neben Festlichkeiten und Reden erneut eine Ausstellung mit Arbeiten des »Meisters« einschloss. In zwölf Standvitrinen, die Dorfner selbst um 1950 entworfen hatte, wurden im Foyer des Deutschen Nationaltheaters zahlreiche seiner Einbände gezeigt. Mehrfach hervorgehoben wurde außerdem das »Dorfner-Archiv« im dritten Stockwerk seines Hauses in der Erfurter Straße 8, das dessen Sohn Dr. Hans-Werner Dorfner nach dem Tod des Vaters in vier Räumen dort eingerichtet hatte. Lassen wir ein zweites Mal den Textbeitrag eines nicht namentlich gekennzeichneten Artikels im Fachjournal *Allgemeiner Anzeiger für Buchbindereien* zu Wort kommen:

»Nachdem am 3. August 1955 Otto Dorfner für immer die Augen schloß, ergab sich die Notwendigkeit, seinen Nachlaß zu sichern, zu ordnen und der Bedeutung gemäß unterzubringen. Mit tatkräftiger Unterstützung der amtlichen Stellen [...] und der langjährigen Mitarbeiter Willy Leibiger und Rolf Ebert [...] wurde das Vorhaben umgesetzt. In diesen Räumen wurde das gesamte biographische und bibliographische Material in eichenen Schränken untergebracht; ferner sämtliche Fotoarbeiten von Fräulein Ursula Braune sowie die Alben mit den Vergrößerungen der Schülerarbeiten, Teile der Fachbibliothek, Skizzen und Skizzenbücher sowie Zeichnungen für Bucheinbände und nicht zuletzt Ehrenurkunden und Auszeichnungen, die Otto Dorfner im Laufe seines arbeitsreichen Lebens erhalten hatte. Als kostbarsten Schatz umfaßt das Archiv in musealer Aufbewahrung das künstlerische Erbe, welches Otto Dorfner nach 45jähriger Arbeit in der Goethe- und Schillerstadt Weimar der Nachwelt hinterlassen hatte. Diese künstlerischen Handeinbände (zum Teil Leihgaben) sollen hier vorläufig aufbewahrt werden, bis die musealen Räumlichkeiten im Dorfner-Haus geschaffen sind, um dann in eichenen Glasvitrinen zur Schau gestellt werden zu können. Ebenfalls sind Teile seiner Gemäldesammlung im Archiv ausgestellt, insbesondere ein Porträt aus dem Jahre 1917 [=1919; **ABB. 2**] von Heffels (Ölgemälde) und ein Porträt aus dem Jahre 1947 von v. Szpinger (Ölgemälde). Nunmehr besteht das ›Otto-Dorfner-Archiv‹ bereits fünf Jahre und ist von vielen Interessenten und Fachleuten aus dem In- und Auslande besichtigt worden.«

Welche Perspektiven hatte man damals noch ins Auge gefasst! Und wie kläglich verliefen dann letztlich alle Ideen diametral in die völlig entgegengesetzte Richtung, nachdem mit dem Bau der Berliner Mauer am 13. August 1961 die deutsche Teilung für die kommenden 28 Jahre sowohl in politischer wie in schlicht »baulicher« Hinsicht zubetoniert worden waren. Die Enkeltochter Beate Dorfner-Erbs hat dies eindrücklich geschildert. Das oben erwähnte »Dorfner-Archiv«, als Gedenkort, Forschungseinrichtung und Museum konzipiert, löste sich folgerichtig nach 1961 auf, wobei die privaten Bestände an Bucheinbänden und Kunstwerken aus Furcht vor einer devisenhungrigen Obrigkeit in der Familie wieder verborgen wurden. Die zur Werkstatt gehörigen Materialien verblieben vor Ort und mussten mit dem regierungsseitig abgetrotzten Verkauf von Liegenschaft und Einrichtung verschenkt werden.

Die Werkstatt

Im Rückblick und vor dem Hintergrund der geschilderten Umstände grenzt es an ein Wunder, dass sich die Werkstatt von Otto Dorfner bis auf den heutigen Tag in einer Vollständigkeit und materiellen Dichte erhalten hat, die weltweit einzigartig ist. Den Grundstock bildet bis heute der nach 1910 aufgebaute Bestand aus Henry van de Veldes Kunstgewerbeschule, wobei Teile der Ausstattung vermutlich bereits seit dem Bezug der Schule im Jahre 1906 dort vorhanden waren. Dies betrifft die alten Werkbänke, die zahlreichen, bestens erhaltenen Maschinen und das Gros der Werkzeuge. Dorfner hatte die Einrichtung im April 1918 von der Großherzoglichen Schatullverwaltung erworben und pflegte den Bestand pietätvoll bis zu seinem Tod 1955. Dieselbe Pietät brachten seine langjährigen Mitarbeiter auf, die seit 1957 für die Nachfolgeeinrichtungen, die Hochschule für Graphik und Buchkunst in Leipzig und seit 1978 für die Burg Giebichenstein, Kunsthochschule Halle, weiterhin dort tätig waren. Sprach man in den letzten Jahrzehnten mit den wenigen Mitarbeitern, die Otto Dorfner noch zu Lebzeiten kannten, so vermittelte sich in kürzester Zeit eine rührende Atmosphäre uneingeschränkter Bewunderung für ihren schwäbischen »Meister«, der bis zuletzt die Küche seiner Heimat pflegte und der zudem seinen Dialekt nie völlig ablegen konnte. Dies gilt gleichermaßen für viele der in Weimar ausgebildeten Studenten, die Dorfner nicht mehr kennenlernen konnten. Sein schwäbisch-pietistisches Arbeitsethos und seine Aura sind quasi »genetisch« als Dorfners DNA in seiner Werkstatt erhalten geblieben.

Umso wichtiger war das langjährige Ringen um den dauerhaften Erhalt der Dorfner'schen Hinterlassenschaften, die sich nach dem immer wieder erwogenen Umzug nach Halle im Betrieb einer modernen Hochschule auf lange Sicht naturgemäß verschlissen und verloren hätten. Außerdem darf nicht außer Acht gelassen werden, dass ein Studium der Buchbinderei – im künstlerischen Sinne – heute in zunehmendem Maße ebenso exotisch anmutet wie viele andere, vom langsamen »Aussterben« bedrohte Nischenfächer. Die in den Fachzeitschriften beständig zu lesenden Artikel und Inserate über die Auflösung vieler – oft über Generationen hinweg betriebener – Buchbindereien unterstreichen diesen Trend zusätzlich.

Von besonderem Interesse sind die über zweitausend Vergoldestempel und -rollen, die sich in drei hohen Schränken erhalten haben. Selbst das Kulturministerium der DDR trug diesem Umstand – der kulturhistorisch einzigartigen Bedeutung eingedenk – Rechnung. Nachdem man 1974 die Liegenschaft nebst Inventar dem völlig entnervten Sohn Hans-Werner Dorfner weit unter Wert abgepresst hatte, wurde zumindest dieser Bestand zum »National wertvollen

Kulturgut« erklärt und mit zehntausend DDR-Mark zusätzlich vergütet. Dorfner hatte diese in den 1920er-Jahren benötigten Stempelschränke, die mittig herausnehmbare Blöcke mit Schubfächern für Schriften und Klischees aufweisen, bei der früheren Hofkunsttischlerei Scheidemantel anfertigen lassen, der schon Henry van de Velde seit 1902 das Gros seiner zahlreichen Aufträge übertragen hatte. Scheidemantel lieferte nach den genauen Angaben Dorfners weitere Möbel wie einen Vergoldetisch, mehrere Materialschränke und andere Verwahrmöbel. In massiver Rahmenkonstruktion aus Eiche gefertigt, datiert dieser zweite Teil der Grundausstattung ab 1922, nachdem Dorfner am Bauhaus gekündigt und sich im eigenen Haus selbstständig gemacht hatte. Die Einrichtung ist zwar streng funktional, vermittelt aber zugleich Dorfners eher konservative Haltung gegenüber der Moderne des Bauhauses, das damals vermutlich glatte, farbig gefasste Oberflächen des Mobiliars bevorzugt hätte. Von der künstlerisch weltoffenen Haltung des früheren Vorgesetzten Henry van de Velde ist ebenfalls keinerlei Reflexion mehr zu verspüren.

Die alten Werkbänke sind demgegenüber puristisch schlichte Gebrauchsmöbel, die für die künftige Verwendung im Neuen Museum lediglich von einem Tischler aufgearbeitet werden mussten. Dass sie sich nach einer Nutzungsdauer von über hundert Jahren überhaupt erhalten haben, spricht für die Solidität ihrer Verarbeitung wie den pietätvollen Umgang mit der gesamten Ausstattung.

Die Maschinen wie etwa mehrere Hand- und Hebelpressen, die knapp eine Tonne wiegende Schneidemaschine, die Schlagscheren oder die ebenfalls über eine Tonne schwere Vergoldepresse stammen sämtlich aus der Ausstattung von 1910 bzw. 1914, nachdem van de Velde aufgrund der Erfolge der Werkstatt auf der Internationalen Ausstellung für Buchgewerbe und Graphik (BUGRA) in Leipzig weitere Maschinen aus den Preisgeldern angeschafft hatte. Meist von der Firma Krause aus Leipzig bezogen, sind diese ebenfalls noch voll funktionstüchtig, was zugleich für die Fülle verschiedenster Werkzeuge gilt, die eine Buchbinderei benötigt.

In hohem Maße aufschlussreich sind zudem die in breiter Fülle erhaltenen Materialien wie Kleister- und Marmorpapiere sowie größere Mengen verschiedenster Ledersorten, wobei sich im Nachlass

7 Auswahl von sieben Präge- und einem Rollenstempel sowie Klischees der Werkstatt zu zwei der Bauhausmappen; links das Versal-»G« einer Sophienausgabe; rechts ein Klischee der Dorfner-Werkstatt; zwischen 1920 und 1949

der Familie ebenfalls noch Verbrauchsmaterialien befinden. Es ist nicht in jedem Fall zu klären, wann all diese Papiere und Leder erworben wurden; belegbar ist jedoch, dass ein gewichtiger Teil auf die Anfänge der Werkstatt zurückgeht. Viele der Kleister- und Marmorpapiere wurden in Weimar angefertigt und belegen damit sowohl die Stufen einer Ausbildung, die handwerkliche Fertigkeiten im Umgang mit Papieren vermittelte, als auch die Bedeutung, die künstlerisch individuell gestalteten Papieren im Prozess des Buchbindens zukam. Dies gilt in den 1920er- und 1930er-Jahren insbesondere für diejenigen Buntpapiere, die mittels Schablonen in Wischtechnik ausgeführt wurden.

Einen wichtigen Bestand für künftige Forschungen stellen die Archivalien und die Handbibliothek der Werkstatt dar. Sicherlich wurden im Lauf der Jahrzehnte Lücken gerissen; gleichwohl ist die Überlieferung noch immer außerordentlich gut. Zudem werden sich einige Fehlstellen künftig in Teilen wieder schließen lassen, da sich in der Familie Dorfners noch zahlreiche Unterlagen befinden, die später an die Klassik Stiftung Weimar übergehen werden. Von größtem Interesse sind außerdem Hunderte von Prospekten, von Broschüren und Materialproben all der Lieferanten, von denen Dorfner seine Verbrauchsmaterialien wie Bezugsgewebe, Leder, Papiere, Farben und anderes bezog. Dies gilt gleichermaßen für vergleichbares Material von Schriftgießereien und Stempelschneidern, die heute oft nur noch in ähnlich gelagerten Zusammenhängen in Archiven nachweis- und datierbar sind.

Zu diesem Kontext gehören zahlreiche Fotos vom Œuvre Dorfners und seiner Schüler, aber auch Fotos aus der Werkstatt und zu den einzelnen Arbeitsschritten im Prozess des Buchbindens. Meist wurden sie von Ursula Braune aufgenommen, die über Jahrzehnte als Fotografin der Werkstatt beschäftigt war. Inbegriffen sind außerdem eine Fülle von Zeichnungen Dorfners zu Bucheinbänden und Stempeln, zu Klischees und dem oben erwähnten Mobiliar. Mit der Übergabe der Werkstatt Ende 2017 hat die Enkelin Beate Dorfner-Erbs ein erstes Konvolut von rund vierzig Blättern an die Klassik Stiftung Weimar übergeben, das meistenteils Entwürfe beinhaltet, die Henry van de Velde für luxuriöse Einbände von Werken Friedrich

8 Einer der um 1922 hergestellten Schränke für die zahlreichen Prägestempel und -rollen im ehemaligen Vergoldezimmer der Dorfner-Werkstatt; Aufnahme um 2011

Nietzsches und anderen Vorzugsausgaben des Insel Verlags gezeichnet hat (**ABB. 14**).

Die Unterlagen zu Dorfners Reiher-Verlag bilden einen gesonderten Bestand der Dorfner-Werkstatt. Wir finden hier Probedrucke von Walther Klemm und Alexander Olbricht zu ihren Grafikeditionen, die der Reiher-Verlag nach 1922 herausgegeben hat. Daneben sind zahlreiche Druckstöcke von Klemms Holzschnitten sowie Radierplatten von Olbricht überliefert, die man künftig im Rahmen limitierter Sonderdrucke eventuell wieder zugänglich machen könnte. Gleiches gilt für die Klischees für die Einbandprägungen aller fünf Editionen der Grafik-Mappen des Bauhauses, die Dorfner auch nach seinem Ausscheiden für das Weimarer Bauhaus in den Jahren nach 1922 herstellte (**ABB. 7**).

Der Erfolg hat bekanntlich viele Väter und deshalb muss abschließend noch einmal kurz das Schicksal der Dorfner-Werkstatt berührt werden, ihre Weiterführung nach der Wende ab 1990 und ihre nun anstehende Unterbringung in einem musealen Kontext mit dem hundertjährigen Jubiläum des Bauhauses ab dem 5. April 2019. Aufgrund der Gegebenheiten darf man mit Optimismus davon ausgehen, dass die Dorfner-Werkstatt endlich eine dauerhafte Zukunftsperspektive gefunden hat. Sie wird Teil der Klassik Stiftung Weimar, die als wichtigste Kultureinrichtung Mitteldeutschlands das Potenzial aufbringt, diesen kulturellen Schatz dauerhaft zu bewahren und als Quelle der Forschung künftig eingehender zu erschließen.

Blicken wir ein letztes Mal zurück auf die gleichermaßen aufregenden wie aufreibenden Jahre der Wende, so wurde damals rasch deutlich, dass in der föderalen Struktur der Länder die Chancen für die Burg Giebichenstein, die Kunsthochschule mit Sitz im sachsen-anhaltinischen Halle vor dem Hintergrund des Standorts in Thüringen problematisch eingeschätzt werden musste. Die deutsche Wiedervereinigung brachte folglich 1990 automatisch einen ersten Paradigmenwechsel. Dieser führte zu einer über Jahre anhaltenden Kontroverse zum künftigen Status und dem Fortbestand der nunmehr – wie bereits 1960 – wiederum museal eingestuften Werkstatt. Diskutiert wurde mehrfach – ohne jedes greifbare Ergebnis eines künftigen Trägers – die Gründung eines Dorfner-Museums vor Ort. Die 1995 nach Halle berufene Kunstbuchbinderin Mechthild Lobisch gründete schließlich 1997 das »Otto Dorfner-Institut zur Erforschung der deutschen Einbandkunst«. Sie organisierte 1999 eine Ausstellung zum Œuvre Dorfners mit einem umfassenden und aufwendig illustrierten Katalog. Die Ausstellung konnte aber 1999 lediglich in Kirchheim unter Teck sowie 2000 in der Kunsthalle des Weimarer Stadtmuseums gezeigt werden, da sich der Hauptleihgeber im Anschluss weigerte, seine Exponate weiter zur Verfügung zu stellen.

9 Rechts eine der Werkbänke aus der Kunstgewerbeschule um 1910; links zwei kleinere Stockpressen nebst einem raumhohen Schrank für Vorsatz-, Bezugs- und Buntpapiere

Bedauerlicherweise war dem Neuansatz von Mechthild Lobisch der Erfolg nicht vergönnt. Sie traf in der Hallenser Hochschule letztlich auf nur wenige Mitstreiter von Einfluss und fand weder potenzielle Geldgeber für ihr ambitioniertes Vorhaben, noch war sie in der Lage, die notwendigen Mittel für Forschung und Personal zu akquirieren, zumal auf längere Sicht. Letztlich war das »Otto Dorfner-Institut« bereits bei seiner Gründung ein fehlerbehaftetes Konstrukt, da es außerdem nicht gelungen war, dauerhaft das Vertrauen und die Unterstützung der Familie Dorfners zu gewinnen, ohne welche jedwede Forschung zu Otto Dorfner nicht gelingen kann, da sich bis heute wichtige Archivalien und die Einbandsammlung Dorfners in Familienbesitz erhalten haben. Ihre Nachfolgerin unterrichtet seit 2007 das Fach Typografie und kann folglich den künstlerischen Bucheinband nur im Nebenfach bedienen. Im Jahr 2011 wurde die Dorfner-Werkstatt endgültig geschlossen, nachdem Ria Radicke, die letzte Werkstattleiterin, in den Ruhestand wechselte. Die Gespräche zwischen Halle und der Klassik Stiftung Weimar wurden folglich 2010 wieder aufgenommen mit dem Ergebnis, dass die Otto Dorfner-Werkstatt 2017 mit über fünftausend Inventarnummern als Dauerleihgabe nach Weimar übergeben wurde. Ziel ist und bleibt

10 Hellmut Seemann (links), Präsident der Klassik Stiftung Weimar, und Wolfgang Stockert, Kanzler der Burg Giebichenstein, Kunsthochschule Halle, nach der Unterzeichnung des Vertrags in Weimar am 24. August 2017

deren öffentliche Ausstellung im Neuen Museum sowie die Perspektive eines künftigen Übergangs an die Klassik Stiftung.

Nach 25 Jahren teils zäh verlaufener, zumeist aber offen geführter Verhandlungen ist die ohne nennenswerte Verluste überkommene Werkstatt von Otto Dorfner dauerhaft in Weimar verblieben und – nach einer ganzen Reihe von Rückführungen aus Halle – am historischen Ort insofern wieder angekommen, indem sie nunmehr in ihrem ursprünglichen Kontext der Kunstgewerbeschule van de Veldes gezeigt werden kann im Rahmen der im Neuen Museum Weimar eingerichteten Dauerausstellung »Van de Velde. Nietzsche und die Moderne um 1900«.

Mein herzlicher Dank gilt an erster Stelle zwei Personen, ohne die es niemals gelungen wäre, diesen langwierigen Prozess zu einem für alle Seiten gangbaren Abschluss zu bringen. Nennen möchte ich hier zunächst Wolfgang Stockert, der bis Anfang 2018 als Kanzler der Burg Giebichenstein amtierte. Nach zähen Verhandlungen und immerwährenden Verzögerungen seitens seiner vorgesetzten Dienststelle in Magdeburg, war ihm dieser »Vorgang« zuletzt eine Angelegenheit sowohl der Überzeugung wie des Herzens, den Übergang der Dorfner-Werkstatt an die Klassik Stiftung Weimar noch vor seiner Pensionierung in die Wege zu leiten. Er hat hierfür zwei Archivarinnen aus Halle für die Inventarisierung der Werkstatt über Wochen und Monate nach Weimar abgestellt, die von Mitarbeitern der Klassik Stiftung Weimar unterstützt wurden. Mein Dank gilt folglich den Hallenser Mitarbeiterinnen Dr. Angela Dolgner und Dr. Sandra König, die mit Akribie ein Inventar erarbeitet haben, das Ende 2017 in sechs (!) Handeinbänden nebst digitaler Fassung übergeben wurde.

Ebenso befördernd war seit 2010 das zu keiner Zeit nachlassende Engagement der Enkeltochter Dorfners. Beate Dorfner-Erbs hat die Klassik Stiftung Weimar immer wieder ermuntert, in Halle für das Vorhaben zu kämpfen und die Verhandlungen über Jahre hinweg weiterzuführen. Ihre stete Hartnäckigkeit hat den komplexen Vorgang ganz entscheidend befördert und wir haben uns über die Jahre in Freundschaft verbunden. Sie war es außerdem, die einflussreiche Vertreter aus der immer kleiner werdenden Zunft der Buchbinder und Bibliophilen – gedankt sei hier vor allem der Kunstbuchbinderin Ireen Kranz – beständig ermuntert hat, für das Vorhaben »unserer Dorfner-Werkstatt« in den Ministerien von Magdeburg und Erfurt mit Briefen und wiederholten Eingaben vorstellig zu werden.

Mein Dank gilt schließlich Hellmut Seemann, dem Präsidenten der Klassik Stiftung Weimar, der mir über Jahre mit der ihm eigenen Großzügigkeit den Freiraum eingeräumt hat, mich für dieses, wie für so viele andere – meist ebenso komplexe – Ankaufs- und Erwerbungsprojekte zu engagieren, von denen viele nie zum Tragen gekommen wären ohne seinen Optimismus, unseren festen Glauben an die Sache und eine beständig wirksame Aufmunterung. Den anderen Kollegen und Mitstreitern, die an dieser Stelle nicht alle namentlich genannt werden können, bleibe ich in Dankbarkeit verbunden.

Abschließend muss letztmalig und mit gebotenem Nachdruck betont werden: Die dauerhafte Erhaltung der Dorfner-Werkstatt ist ein im Rückblick von über zwei Jahrzehnten kaum glaubhafter Glücksfall für eine Einrichtung, die in Weimar über einen Zeitraum von über hundert Jahren Kulturgeschichte geschrieben hat – und dies hinweg über alle fünf Regierungssysteme ihres Bestehens seit 1910.

VOM ZAUBER DER LINIE

Die Buchkunst Otto Dorfners

JOHN DIETER BRINKS

11 Otto Dorfner, Einband zu Alexander Pope, *Der Lockenraub*, 1923

Handwerker und Künstler

Der sanfte Duft des Leders, der beißende Geruch des Leims, der herbe Klang des Papiers, wenn ein Knöchel an festes Bütten klopft: Dieser Dreiklang der Sinne war Otto Dorfner bereits seit früher Jugend vertraut. Denn in der Marktstraße von Kirchheim unter Teck, einem Provinzstädtchen im Schwäbischen, das man angesichts einer über Generationen vererbten Emsigkeit seiner Bewohner nicht als verschlafen bezeichnen will, trennten keine dreißig Schritt das Elternhaus Dorfners vom Ladengeschäft des Buchbindermeisters Stähle.

Rudolf Stähle war aber nicht nur ein seriöser Kaufmann, der mit seiner »Buchbinderei Schreibmaterialien- und Tapetenhandlung« für sich warb und nicht nur als Meister ein solider »Einbinder«, wie Dorfner später gerne formulieren wird, sondern in den Augen des jungen Otto ein Bote der Kultur in ödem Umland. Stähle gliederte seiner Buchbinderei schon früh eine Leihbibliothek von etwa dreitausend Bänden an, die den Kirchheimer Bürgern, zumal in Ermangelung einer öffentlichen Bibliothek, die Augen öffnen konnte für eine zweite verführerische Lebenswelt, für die ihnen bislang so ferne Welt des Geistes.

Dabei wollen wir, um jeder ungerechtfertigten Euphorie vorzubeugen, nicht übersehen, dass Stähles Bücherei nicht nur aus dem um 1900 bereits verbindlichen Kanon deutscher Klassiker bestand: dem immer wieder begeisternden Schiller, dem immer noch fesselnden Tieck, dem eher gelobten als gelesenen Goethe – zu ihnen traten damals überschätzte Epigonen wie ein Wildenbruch, wie ein Paul Heyse. Daneben dominierte zum guten Teil die Trivialliteratur, Traktate des lokal verbreiteten Pietismus und hehre Familienzeitschriften wie die *Gartenlaube* oder *Vom Fels zum Meer*.

Doch bezeugen zehn Lesezirkel, die spontan entstanden, das rege Interesse der Kirchheimer. Keiner aber las mit solcher Passion wie der halbwüchsige Otto Dorfner. So hatte Dorfner bereits früh eine Nase für das lebendige Handwerk der Buchbinderei in seiner Nähe und er hatte bald den magischen Schatz, den Bücher vermitteln, nicht nur vor Augen, sondern im Kopf. Dass schon der junge Otto leidenschaftlich las – was keineswegs für die Mehrzahl seiner künftigen Zunftgenossen galt, die banden, was sie fanden –, bezeugt eine Kusine in ihrem Nekrolog auf ihn: »Es sei doch schon in seiner Jugend das Buch in der Einsamkeit eines Baumes für ihn das Lebenselixier gewesen.«

Hier klingt bereits ein Leitmotiv im Leben Dorfners an: Er würde ein »lesender« Einbinder sein, einer, der zuerst den Geist, dann die Gestaltung eines Buchs vor Augen hatte. Und der sich daher als höchstes Ziel setzen konnte, allein der von ihm erkannte Geist eines Textes dürfe die Farbe und die Formen des Einbandes bestimmen.

Daher verwundert es nicht, dass der junge Dorfner mit seinen fünfzehn Jahren als Lehrling in die ihm bereits so vertraute Werkstatt Stähles eintrat. Einen zusätzlichen Anstoß mag ein belegter Familienmythos gegeben haben. Im Stadtarchiv Kirchheims wird in Abschrift ein Lehrbrief vom 5. Januar 1693 gehütet, in dem ein aus Regensburg stammender Johann Dörfner bat, »seines [...] alhier ehrlich erlernten und erstberührten Buechbinder Handwercks halber« in den Schoß der Gemeinde aufgenommen zu werden.

Bei Stähle lernte der junge Dorfner von der Pike auf das Handwerk des Heftens, Bindens und Aufziehens. Nach drei Jahren legte er 1902 die Gesellenprüfung ab. Und nach den damals üblichen Lehr- und Wanderjahren, die ihn in mehrere Städte des Reichs führten, absolvierte er 1908 in Meiningen die Meisterprüfung.

Dass er an dieser Gabelung seines Wegs nicht den üblichen Schritt tat, sich als Meister mit einer eigenen Buchbinderei niederzulassen oder eine fremde zu übernehmen, liefert uns einen Hinweis darauf, dass er sich nicht nur auf sein erlerntes Handwerk verstehen wollte, sondern wie übergreifend er sich seine Zukunft als »Einbinder« vorstellte. Folglich entschied sich der frische Meister

Dorfner 1908, noch einmal, nein: noch dreimal in eine zusätzliche Lehre zu gehen. Zuerst verschrieb er sich dem damals im Deutschen Reich als führend, als wegbahnend geltenden Buchbinder Paul Kersten, dessen Kunstklasse an der Berliner Buchbinder-Fachschule er belegte. Daraufhin nahm er Unterricht bei dem ebenfalls herausragenden Schriftkünstler Ludwig Sütterlin. Endlich lernte er in zwei auf diese Kunst spezialisierten Werkstätten in Münster und in Meiningen das eigentümliche Handwerk des »doreurs«, des Handvergolders.

Diese drei freiwilligen, von ihm offensichtlich als notwendig empfundenen Lehrzeiten weisen nachdrücklich darauf hin, was bereits der junge Dorfner als bedeutend für die Aufgabe des Buchbinders auffasste: dass seine Lebensleistung in seinem Gewerbe nur von Gewicht sein würde, wenn er nicht allein als exakter Handwerker wirken werde, sondern zudem als schöpferischer Künstler. Und dass beides einander bedinge: ohne das Können des Handwerkers werde dem »Entwerfer« nie ein Buch als Kunstwerk möglich sein. Ohne den schöpferischen Akt des Entwerfens aber werde seine Arbeit stets nur die eines exakt exekutierenden Handwerkers, eines bloßen Handarbeiters bleiben.

Dabei war sich Otto Dorfner angesichts des damals erschreckenden Tiefstands der Buchbinderei im deutschen Raum seit zwei Generationen im klaren, dass er die »geschmackliche Aufgabe« nie aus dem Auge verlieren dürfe. Während seiner Lehr- und Wanderjahre war ihm bewusst geworden, dass es ihm nicht genügen dürfe, als braver Meister in die breiten Fußstapfen eines Rudolf Stähle zu treten. Vielmehr stand ihm klar und fordernd vor Augen, dass, wie er es später formulieren würde, »Handwerk nicht nur Händewerk sei, es sei ebenso Geistwerk, sei schöpferisches Vollbringen«.

An diesem frühen Anspruch werden wir Otto Dorfner messen müssen, wenn wir versuchen, seiner Bedeutung gerecht zu werden.

Im Bannkreis Henry van de Veldes

Dass Handwerk nicht nur Händewerk sei, sondern ebenso Geistwerk, sagt sich leicht dahin. Stimmt diese Maxime Dorfners, dann schließt sie die meisten Handwerker mit unerbittlicher Konsequenz aus. Und selbst an den, der ihr glaubt gerecht werden zu können, stellt sie höchste Forderungen, an seine Kunstfähigkeit wie an sein Selbstverständnis.

Das sollte Otto Dorfner bald bewusst werden. Denn sein nächster Schritt war ein kühner. Wohl konnte es ihm nur zur Ehre gereichen, von einem Paul Kersten an einen Henry van de Velde empfohlen zu werden und somit seinen Berufsweg als Leiter und Lehrer der Buchbinder-Abteilung an der Großherzoglich Sächsischen Kunstgewerbeschule in Weimar antreten zu dürfen.

Dieser Schritt erforderte jedoch Mut, weil Dorfner damit in den Bannkreis eines »Geistes« trat, der, obwohl heftig umstritten und befeindet, damals in Mitteleuropa der führende »Entwerfer« war, wie Dorfner es formuliert hätte, der führende Designer, wie wir in unseren Tagen sagen würden. Van de Veldes Geist, sprich sein Formenkanon, war derart vielfältig und umfassend und, ob abstoßend oder begeisternd aufgenommen, so eigenwillig, dass gegen ihn im ersten Jahrzehnt des 20. Jahrhunderts die Arbeiten seines belgischen Rivalen Horta, die Arbeiten seiner deutschen Konkurrenten Behrens, Olbrich, Riemerschmid verblassten.

Im Jahre 1910, als Dorfner zu ihm stieß, stand Henry van de Velde im Zenit seines Könnens wie seines Rufs, wobei sich sein Wirkungskreis auf ganz Europa erstreckte. Nirgendwo jedoch war sein Einfluss spürbarer als im Deutschen Reich. Für seine Anhänger, für einen Harry Graf Kessler, war er ein Genie, für seine Verächter, für einen Wilhelm II., ein Revolutionär, dessen Formenwelt ihn »seekrank machte«. Van de Velde zeichnete aus, dass er überaus vielseitig, doch vielfach autodidaktisch schuf: Er baute Häuser ohne je Architektur studiert zu haben und sorgte von der Tapete über das Möbel bis zum Porzellan und Tischbesteck für die Inneneinrichtung – bis hin zum Buch, zum Bucheinband. Auch hier galt: Er war der »Entwerfer«, hat aber nie selbst ein Buch gebunden.

Dorfner musste sich deshalb auf eine ungewöhnliche Konstellation einstellen: Die Buchbinderei war nur eines von zahlreichen Betätigungsfeldern van de Veldes, allerdings eines, auf dem er zwischen 1896 und 1914 in hohem Ansehen stand. Und: Dorfner stieß hier auf den seltenen Fall in seinem Gewerbe, dass er es mit einem Künstler zu tun hatte, der kein Handwerker war. Beide Situationen versprachen allerdings einen ungewöhnlichen Spielraum für den jungen Leiter eines Betriebs: Er konnte als Meister seines Handwerks den Künstler belehren und Hinweise geben, wenn es um Detailfragen seines Metiers ging. Und er wusste zugleich, dass er an van de Veldes Kunstgewerbeschule nur als Handwerker gefragt war, nicht als Künstler.

Nun musste den jungen Otto Dorfner noch eine weitere Begabung van de Veldes faszinieren, die Künstlern selten zuteilwird, denn der Belgier war nicht nur virtuoser Gestalter, sondern zugleich Theoretiker. Zu seiner Zeit war van de Velde in dieser Hinsicht nur mit Paul Signac oder Georges Seurat in der vorhergehenden und Wassily Kandinsky in der nachfolgenden Generation vergleichbar. Henry van de Velde war somit zugleich ein Meister des Wortes, ein sprachgewaltiger Prophet – selbst wenn der Flame nie des Deutschen ganz mächtig wurde und somit nie auf dankerfüllte Übersetzer wie Eberhard von Bodenhausen, Harry Graf Kessler oder seine Frau verzichten konnte. Der späte Otto Dorfner ist allerdings ohne dieses Vorbild van de Velde nicht zu verstehen, wenn er in den 1930er- oder 1940er-Jahren wie kein anderer deutscher Buchbinder das Wort ergreifen sollte, um über Handwerk und künstlerische Bedeutung des Buchgewerbes zu dozieren.

So sah sich der junge Dorfner mit seinem Auftritt in Weimar im breiten Schatten eines turmhohen Genies und nur in zwei engeren Kapazitäten gefragt: einmal als ausführende Hand eines dominanten, unbedingt willensstarken und ungemein fruchtbaren Künstlers – und als Lehrmeister für die zahlreichen Schüler, die an der Weimarer Kunstgewerbeschule das Handwerk der Buchbinderei lernen wollten, das ihnen kein van de Velde, sondern nur ein Dorfner beibringen konnte. Der geniale Künstler konnte nicht binden, der exzellente Handwerker durfte – fast – nur binden.

Führen wir uns diese eigenartige Symbiose, die etwa ein Jahrfünft währte, an einem greifbaren Beispiel vor Augen, indem wir zwei Einbände miteinander vergleichen. Es ist ein Einband überliefert, den Otto Dorfner vor 1909, also vor dem Wechsel nach Weimar, entworfen und ausgeführt hat. Es ist der in dunkelblaues Kalbsleder gebundene Einband zu einem Exemplar eines zweitrangigen Romans der Zeit, zu Friedrich Friedrichs *Über Klippen* (**ABB. 12**).

Vorderdeckel, Rücken und Hinterdeckel werden dominiert durch drei Spielarten von Rechtecken, die in einem satten olivgelben Leder ausgeführt sind. Fast quadratisch liegende Rechtecke säumen oben und unten die Deckel, sechs vertikale, säulenartige, auf ihrer Schmalseite stehende Stege verbinden die Reihen der liegenden Rechtecke oben wie unten. Der Einband vertraut auf die strenge Symmetrie des architektonisch aufgefassten Entwurfs und das Gegenspiel von blauen und olivgelben Lederflächen. Es fehlt jedes Ornament. Ein ausgewogener, aber zugleich steifer Einband, der kaum Schwung aufweist, den keine Spannung belebt.

Diesem Einband Dorfners stellen wir, ohne vor dem schroffen Gegensatz zurückzuscheuen, einen Einband van de Veldes entgegen, den er etwa fünf Jahre später zu Beginn des Jahres 1914 entworfen hat, am Vorabend des verheerenden Ersten Weltkriegs. Otto Dorfner hat diesen Entwurf mit eigener Hand mehrfach »ausgeführt« (**ABB. 13**). Dieser Einband, an dem beide ihren Anteil hatten, sollte sofort Aufsehen erregen und gilt in unseren Tagen als einer der schönsten Bucheinbände des 20. Jahrhunderts, für den sechsstellige Summen gefordert werden. Er diente einem ohnehin singulären Text, Friedrich Nietzsches *Also sprach Zarathustra*, zum Schutz, einem Prachtband ganz in van de Veldes Geist, der nach wechselvoller, rund zehnjähriger Vorbereitung 1908 im Insel Verlag erschienen war, in einer von ihm bis in die kleinsten Details von Typografie, Farben und Druck gestalteten Ausgabe, in einem von ihm zunächst schlichter entworfenen Einband, teils in Pergament, teils in Leder gebunden.

Der Erfolg dieser von Harry Graf Kessler initiierten Nietzsche-Ausgabe war außerordentlich gewesen. Doch jetzt, als im Frühjahr 1914 in Leipzig die BUGRA anstand, die seit Jahren größte und wichtigste internationale Buchausstellung, hatte Anton Kippenberg, der Verleger des Insel Verlags, um den bisherigen Erfolg zu krönen, bei van de Velde einen neuen Einbandentwurf für den *Zarathustra* in Auftrag gegeben: Für dieses unikale Exemplar sollte eine eigene Vitrine reserviert werden. Kippenberg hatte zu Recht auf van de Velde

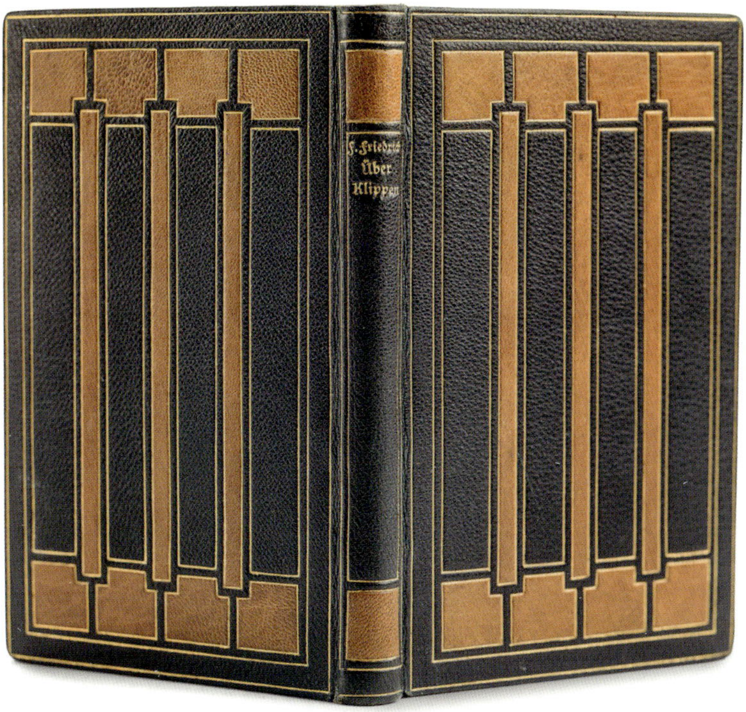

12 Otto Dorfner, Einband zu Friedrich Friedrichs, *Über Klippen*, vor 1909

gesetzt und mittelbar auf Otto Dorfner, der die außerordentliche exakte Handarbeit geleistet hatte. Der Verleger war derart begeistert über den rauschenden internationalen Erfolg auf der BUGRA, dass er umgehend mindestens fünf weitere Exemplare binden ließ, die er in den nächsten Monaten zu schwindelerregenden Preisen verkaufen konnte. Van de Velde sah seinen Ruhm – zumal im Vergleich zu den ebenfalls auf der Ausstellung präsenten französischen Buchbindermeistern – nachhaltig befestigt.

Doch auch für einen Dritten, für Otto Dorfner, bedeutete dieses bemerkenswerte Objekt eine wichtige Stufe auf seinem Weg, ja einen Durchbruch. Jeder wusste, dass die »Idee« von Henry van de Velde stammte; die meisterhafte Realisierung jedoch von anderer Hand stammte – was etwa die reichen Lederintarsien oder die exakte Linienführung betraf: So wurde Dorfners Name unauslöschlich mit diesem Werk verbunden, so wurden ihm mehrere Medaillen verliehen, und sein Ruf hätte sich schneller in Europa verbreitet, hätte nicht der Krieg den eben noch fruchtbaren Kulturaustausch für viele Jahre jäh gekappt. In Deutschland aber wusste jeder Interessierte auf Dauer, dass der Name des eben neunundzwanzigjährigen Dorfner seit der BUGRA 1914 einen eigenen Klang hatte. Der grandiose Erfolg dieses, wie man schon damals erkannt hat, »Jahrhunderteinbands« muss Otto Dorfner mit zwiespältigen Gefühlen erfüllt haben. Fortan galt er in Europa zwar als Meister seines Fachs – aber eben nur als exekutierender Handwerker. Er hatte mitgearbeitet, aber eben nur »gearbeitet«. Doch diese bisher gerne überlieferte Version trifft den wahren Sachverhalt nur unzureichend. Denn vor kurzem ist ein eigenhändiger Entwurf Otto Dorfners zu einem *Zarathustra*-Einband, offensichtlich aus dem Jahr 1914, aufgetaucht, der hier van de Veldes Entwurf gegenübergestellt ist (**ABB. 14, 15**). Dem Urteil des Lesers sei überlassen, wie stark er die Abhängigkeit von Dorfners späterem Entwurf gegenüber van de Veldes früherem werten will. In meinen Augen ist sie zweifellos gegeben. Zugleich gibt es Akzente, die beide unterschiedlich gesetzt haben. Wir erkennen auf den ersten Blick den unterschiedlichen Einsatz der Buchstaben des – bei Dorfner verkürzten – Titels. Sie füllen bei van de Velde fast als Ornament, das gesamte Innenfeld des Vorderdeckels aus. Sie nehmen bei Dorfner, von drei auf ein Wort verkürzt, nur dessen oberes Drittel ein. Bedeutender aber ist ein Umstand, der bisher nicht erkannt, nicht gewürdigt worden ist: Die Buchstaben, die in beiden Entwürfen starke Ähnlichkeit aufweisen, sind das genuine Werk Dorfners, denn van de Velde war nie ein Schriftkünstler. Von Dorfner aber ist bereits für 1909, also vor seinem Antritt in Weimar, ein Einband überliefert, der unverkennbar seine Handschrift trägt. Dorfner hat folglich, was bisher nicht gewürdigt wurde, bereits für den »Jahrhunderteinband« van de Veldes einen wichtigen ästhetischen Beitrag geliefert: Es sind seine Buchstaben, die den Einband entscheidend prägen. Das »Z« von Zarathustra, als Buchstabe ein nahezu abstraktes Ornament, verdanken wir Otto Dorfner, nicht dem scheinbar übermächtigen van de Velde. Kann Otto Dorfners Entwurf den Einfluss

13 Otto Dorfner, Einband zu Friedrich Nietzsche,
Also sprach Zarathustra, 1914 (Entwurf: Henry van de Velde)

14 Henry van de Velde, Entwurf des Einbandes zu Friedrich Nietzsche, *Also sprach Zarathustra*, 1914

15 Otto Dorfner, Entwurf eines Einbandes zu Friedrich Nietzsche, *Also sprach Zarathustra*, um 1914

von Henry van de Veldes Design nicht verleugnen, so müssen wir auf den zweiten Blick konzedieren, dass der Belgier ein entscheidendes ästhetisches Moment seines Entwurfs, die Schriftzüge der Buchstaben, die er beherrschend ins Blickfeld des Betrachters stellt, Otto Dorfner verdankt.

Mit dem Ausbruch des Ersten Weltkriegs im Sommer 1914 war van de Veldes bereits seit längerem prekäre Stellung in Weimar nicht mehr zu halten. Er galt den Deutschen als feindlicher Ausländer, den Belgiern als Knecht der Deutschen. Der hinreißende *Zarathustra*-Einband wurde ein Höhepunkt, blieb aber zugleich der Schlusspunkt einer fruchtbaren Zusammenarbeit im deutschsprachigen Raum. Otto Dorfner hingegen stand in dieser politischen Krisensituation, nach fünf Jahren unter van de Veldes Leitung, durchaus gestärkt da: Er wurde von seinen Schülern, von denen er bereits einige Jahrgänge ausgebildet hatte, bewundert, nicht zuletzt, weil er die Gabe hatte, sich nicht nur jedem Detail seiner Arbeit, sondern jeder Person mit Intensität und Einfühlung zuzuwenden. Zudem war Dorfner erfolgreich als Leiter seiner Abteilung der Kunstgewerbeschule, denn keine andere konnte einen auch nur vergleichbaren Gewinn vorweisen. Vor allem war er als Handwerker, in seinen Worten: als »Ausführer«, wie dargestellt, bereits international geschätzt. Als Künstler, als »Entwerfer«, sah er sich herausgefordert durch den »Alleskünstler« van de Velde, wusste aber ebenfalls, dass er diesen nachhaltig gefördert hatte durch die Schönheit der Buchstaben, mit denen er den gemeinsamen Band verziert hatte. Nicht zuletzt hatte van de Velde ihn inspiriert, was die Macht des Wortes anbelangte. Kein Buchbinder im deutschen Sprachraum konnte in den folgenden Jahrzehnten dem Autor Dorfner, wenn es galt, geistige und handwerkliche Zusammenhänge darzustellen, das Wasser auch nur annähernd reichen. Die Frage bleibt, wozu Henry van de Velde den immer noch jungen Otto Dorfner in den fünf Jahren ihrer Zusammenarbeit inspiriert hatte: zu epigonalem oder zu eigenem Schaffen.

Im Dunstkreis des Bauhauses

Am 25. Juli 1914 reichte Henry van de Velde, der sich von seinem Dienstherren, dem Großherzog Wilhelm Ernst von Sachsen-Weimar, immer deutlicher übergangen fühlte, seinen Rücktritt von der Leitung der Kunstgewerbeschule ein. Zwar baten ihn der Großherzog und das Staatsministerium, seine Dienstpflichten bis zum April 1915, dann verlängert bis zum 30. September, wahrzunehmen. Die Stellung van de Veldes war allerdings am Vorabend des Ersten Weltkriegs längst entschieden geschwächt; umso mehr, als man nach Kriegsausbruch den »feindlichen Ausländer« in ihm sah.

Aus Sicht Otto Dorfners kann man in dieser Zeit von einem Interregnum sprechen, das vier Jahre währen sollte. In diesem Zeitraum leitete er, von wenigen Monaten Militärdienst nur kurz unterbrochen, selbstständig die eigene Buchbinderei. Mit einem Arbeitsvertrag vom 1. Oktober 1919 übernahm ihn und seine Abteilung die Nachfolgeinstitution: das unter der Federführung vom Walter Gropius neu gegründete Staatliche Bauhaus. Gropius berief Dorfner, vorerst auf vier Jahre befristet, zum »Werkmeister« für Buchbinderei – allerdings unter der rasch wechselnden künstlerischen Leitung von Johannes Itten, Georg Muche, Paul Klee und Lothar Schreyer, den »Formmeistern«. Doch bereits nach zweieinhalb Jahren, Ende Mai 1922, schied Dorfner »auf eigenen Wunsch«, wie Gropius ausdrücklich festhielt, aus seinem Vertragsverhältnis aus. Womit er allerdings Gropius‘ Vorstellungen nur zu sehr entsprach.

Umgehend gründet Dorfner seine eigene Schule ein zweites Mal nach 1915, die »Kunstgewerbliche Fachschule für Buchbinderei Otto Dorfner«, die er, sein eigener Herr, über die nächsten 33 Jahre hin in seinem Haus in der Erfurter Straße 8 leitete, dabei sich des Risikos der Selbstständigkeit wohl bewusst. Er wird nie die materiellen und finanziellen Erfordernisse eines Betriebs, der Produktions- wie Lehranstalt umfasste, aus den Augen verlieren. In der Rückschau war es ein Glücksgriff gewesen, dass er im April 1918 die gesamte Einrichtung mit Maschinen und Werkzeugen der Buchbinderei der ehemaligen Kunstgewerbeschule angekauft hatte. Wenn wir uns Otto Dorfners lebenslanges Interesse für betriebswirtschaftliche Fragen ins

Gedächtnis rufen, war jener Schritt in kluger Voraussicht geschehen. Nicht umsonst wird er im Jahre 1935 einen Aufsatz mit dem Titel *Handwerk hat goldenen Boden* in einer Fachzeitschrift veröffentlichen. Otto Dorfner wusste früh, dass ein Handwerker vielleicht ein Künstler sein könne, unbedingt aber ein Kaufmann sein müsse.

Was uns angesichts dieser acht wechselvollen Jahre Dorfners zwischen 1914 und 1922 vorab interessiert, sind vor allem die Antworten auf drei kardinale Fragen. Einmal: Wie weit gelang es Otto Dorfner, bei aller Inspiration durch Henry van de Velde, bereits frühzeitig einen eigenen eindeutigen Stil zu entwickeln? Zweitens: Wie stark würde er sich dem neuen, so suggestiven Einfluss der Bauhaus-Bewegung entziehen wollen, entziehen können? Und drittens: Wie entstand und worin bestand, sollte er denn zum ihm finden, dieser »Dorfner-Stil«?

Die Betrachtung dreier Einbandentwürfe Dorfners aus den Jahren zwischen 1913 und 1919 soll uns die Augen öffnen, um drei Etappen seiner künstlerischen Entwicklung als Stufen auf dem Weg zu einem eigenen Stil zu begreifen. Zwei grundlegende Überzeugungen hatte van de Velde ihm übermittelt als Losungen für den Eintritt in die Moderne. Einmal den Entschluss, eine moderne Einbandkunst müsse auf jede figurale Darstellung verzichten, wie sie den Einbindern in der zweiten Hälfte des 19. Jahrhunderts oft selbstverständlich gewesen war, an der aber selbst in der ersten Hälfte des 20. Jahrhunderts noch eine Mehrzahl von Dorfners Zunftgenossen festhielt. Es war der kühne Schritt zur Abstraktion, den van de Velde bereits 1892, mit seinem Einband zu Max Elskamps *Dominical* gewagt hatte, Jahrzehnte vor Künstlern wie etwa Wassily Kandinsky. Hinzu trat als zweite Forderung das Postulat van de Veldes, dass, wenn ein Einband nicht figural, sondern ornamental zu gestalten sei, das maßgebliche Element, um Flächen zu strukturieren, die Linie sei. Laut van de Velde war die erste künstlerische Leistung eines menschlichen Wesens die bogenförmige Linie, mit der einst der Zeh eines Menschen die Linie einer auf dem Strand auslaufenden Welle nachgezogen habe. Van de Veldes Mythos von der Linie als der künstlerischen Urform deutet aber bereits, und das war sein drittes Angebot an den jungen Buchbinder Dorfner gewesen, auf die einzigartige Form hin, die für van de Velde die Linie haben sollte: die des Bogens, nicht die der Geraden. So finden wir in seinem Œuvre an Einbandentwürfen kaum je die Gerade – mit Ausnahme einer kurzen Phase nach 1903, als er auf einer Griechenlandreise der Faszination durch die ionische Säule erlag und die Gerade als Gestaltungselement aufgriff.

Unser Bild vom Verhältnis van de Veldes zu Dorfner bliebe aber einseitig, würdigten wir nicht die Anregungen und Hilfestellungen, die der junge Handwerksmeister Dorfner dem Künstler van de Velde hatte vermitteln können. Für mein Auge war dies die Gestaltung der Schrift durch Dorfner – die Zeichnung von Versalien als Linienspiel, ja als Ornament. Hier musste van de Velde, selbst kein Schriftkünstler, Dorfner dankbar sein für die breit aufgestellten, dabei fein gezogenen, durchaus eleganten und individuellen Antiqua-Versalien. Wie dankbar, können wir an der zentralen Bedeutung ablesen, mit der van de Velde die Buchstaben einsetzte. Wir sehen, führen wir uns noch einmal die Abbildungen der Entwürfe zum Vorderdeckel der *Zarathustra*-Ausgabe vor Augen, wie van de Velde mit ihnen das Mittelfeld füllt (vgl. **ABB. 14, 15**). So wirken sie durch ihr Placement nicht nur als Referenten, die uns einen Titel verkündigen, sondern, losgelöst von ihrem Sinngehalt, als Sequenz, und gerade durch das feine Spiel der Überschneidungen ihrer Geraden und Bögen als Ornament.

Dass die Versalien von der Hand Otto Dorfners stammen, ist eindeutig, seit vor Kurzem im Jahrgang 1909 des *Allgemeinen Anzeigers für Buchbindereien* die Abbildung einer Jugendarbeit Dorfners aus seiner Lehrzeit bei Paul Kersten aufgetaucht ist: Im Mittelfeld des Deckels eines grünen Kalblederbands entdecken wir unzweifelhaft die Versalien »A« und »T«, die Dorfner für die beiden *Zarathustra*-Entwürfe beigesteuert hat. Beobachtet man zudem, wie nahezu identisch in beiden Entwürfen die Buchstabensegmente, etwa »Z« und »A«, »R« und »A« miteinander verbunden sind, so liegt der Schluss nahe, dass nicht nur die Gestalt der Versalien, sondern auch ihre Konstellationen aus Dorfners Hand stammen.

Das bedeutet, dass wir Dorfners Anteil am *Zarathustra* höher einschätzen müssen als in der Fachwelt damals wie in unseren Tagen bislang angenommen wurde. Dorfner hatte einen maßgeblichen Anteil an der Ästhetik dieses singulären Einbands; hier arbeitete

16 Otto Dorfner, Einband zu Johann Wolfgang von Goethe, *Faust I, II*, 1913

nicht ein Handwerker meisterhaft einem Künstler zu, sondern hier war ein zweiter eigenständiger Künstler an einem gemeinsamen Werk beteiligt, und dies bis in zentrale Elemente der Gestaltung hinein. Wie hoch van de Velde Dorfners Versalien schätzte, erhellt aus dem Umstand, dass er 1920, längst der Weimarer Welt entfremdet, eben diese Versalien für eine Spinoza-Ausgabe als einzigen Schmuck des Vorderdeckels einsetzte.

Vor diesem Hintergrund überrascht es nicht, dass wir auf einem Einband Otto Dorfners aus dem Jahre 1913, der einer *Faust*-Ausgabe galt, Gestaltungselemente beider Künstler, Dorfners und van de Veldes, entdecken (**ABB. 16**). Dabei durfte Dorfner, offensichtlich mit van de Veldes Zustimmung, ein genuines Ornament des Belgiers verwenden, das er auf beide Deckel je fünf Mal übereinander als eine Art »Schnalle« setzt, die zu beiden Seiten in »Schlaufen« ausläuft, welche aus Linien bestehen, zuerst in vier sich verkleinernden Bogenformen, dann in sechs untereinander versetzten Bündeln von Linien, von Geraden. Eben diese feinen goldenen Linien, zumeist als parallel laufende Geraden, sollten fortan als Ausweis einer Dorfner'schen Arbeit gelten, als Kennzeichen seines »Stils«.

Auf den Deckeln des *Faust*-Einbands bilden sechzehn solcher Geraden mittig den vertikalen, den festen säulenartigen Hintergrund zu van de Veldes Bogenformen. Dreifachen feinen Goldlinien, die Deckel des Bandes zudem oben und unten abgegrenzt, folgen zweifache an Kopf und Schwanz des Rückens. Endlich dominiert, nicht nur zur Angabe des Titels auf dem Rücken, sondern als ornamentales Element die Linie, sei es als Gerade, sei es als Bogen in den Antiqua-Buchstaben mit den uns bereits vertrauten Dorfner'schen Schriftzügen. Wir erkennen das markante »A«, das schwungvolle »S«, das ausgewogene »T«, die den in den nächsten Monaten gestalteten *Zarathustra*-Band schmücken werden. So belegt dieser Einband des Jahres 1913 zwar van de Veldes Einfluss, ja enthält Ornamente seines Formenkanons. Dank seiner Linienführung setzt er aber bereits Otto Dorfner als Künstler in sein eigenes Recht. Er beweist, dass Dorfner längst vor van de Veldes Rückzug nicht zu einem Epigonen des Belgiers geworden war, wie etwa dessen begabteste Schülerin Else von Guaita, sondern unverkennbar die eigene künstlerische

Handschrift verriet. Eine bemerkenswerte Leistung für den eben 28 Jahre jungen Meister, ist doch nichts schwieriger, als im Kreis eines großen Künstlers zum Künstler zu reifen.

Zwei Einbände Dorfners aus den nächsten Jahren, noch ehe er vom Bauhaus verpflichtet wurde, bestätigen diese Einschätzung. In dem für die Deutschen so dunklen Jahr 1919 bewies er sich, Handwerker wie Künstler, als Meister, zugespitzt formuliert, als ein »Meister der Linie«. Dies können wir an zwei ganz unterschiedlichen Arbeiten ablesen wie seinem Einband zu Wielands *Geron der Adelige*, einem Druck der Rupprecht-Presse aus dem Jahre 1918, und dem zu Heinrich Heines *Reisebilder: Italien*, einer von Paul Scheurich bebilderten Vorzugsausgabe des Bard Verlags aus demselben Jahr (vgl. **ABB. 17, 18**). Der Einband zu Wielands Verserzählung ist ganz in Schwarz gehalten – nicht von ungefähr. Taucht doch bereits zu Beginn dieses kurzen Epos das Bild einer »schwarzen Welt« auf, wenn ein »Schwarzer Ritter« aus seinem »dunklen Wald« auftaucht, um sich im Kampf mit der Lanze mit König Artus und seinen Rittern zu messen. Wenn dann im Text über Seiten hin Speere und Lanzen das Geschehen beherrschen, mag für Dorfner unübersehbar ein Motiv für seine ästhetische Gestaltung eines Einbands ins Blickfeld gerückt sein: die Gerade.

Es wird wenige Beispiele in der deutschen Einbandkunst der ersten Hälfte des 20. Jahrhunderts geben, die derartig stark beherrscht werden vom Gestaltungsprinzip der Geraden wie dieser Einband Dorfners zu Christoph Martin Wielands heute fast vergessenem Werk. Die gebündelten Geraden als feine, hier schmal, dort luftiger geführte Linien bestimmen eindeutig die beiden Deckel und den schmalen Rücken des Bandes. Auf beiden Deckeln dominiert in der Mitte ein hochstehendes Rechteck in der Farbe des Leders, das auf dem Hinterdeckel frei bleibt im bewussten Kontrast zu den seitlichen Abteilungen der Linienbündel, und auf dem Vorderdeckel die drei Zeilen des Titels trägt. Bei der Gestaltung der fünfzehn Buchstaben des Titels wendet Dorfner nun einen künftig ganz ihm eigenen Kunstgriff an. Er entscheidet sich für breitflächige, angesichts des mittelalterlichen Texts bewusst nicht in einer Antiqua ausgeführte Lettern. Ihre Flächen füllt er mit jeweils vier parallel laufenden, in Gold geführten Geraden, teils breiteren, die einen Spiegeleffekt erzeugen, teils schmaleren, die in den Schatten rücken.

Für mein Auge erreicht Dorfner durch sein strenges Spiel mit den Geraden einen weiteren Effekt: den der Tiefe. Während fast alle Einbände seiner Zeitgenossen sich darauf konzentrieren, eine Fläche zu füllen oder Flächen in ein Verhältnis zueinander zu setzen oder eine Fläche zu teilen, setzt Dorfner mit diesem Einband, zumal dessen Hinterdeckel, auf eine Tiefenwirkung: Die massierten, einander reflektierenden Geradenbündel erschließen gemeinsam die Perspektive eines zwar durch die Rechteckform gefassten, ansonsten aber unfassbar dunklen Grunds.

Ein zweiter Einband aus demselben Jahr bezeugt die Bandbreite der Gestaltungskraft, über die der gerade einmal 34-jährige Dorfner bereits verfügt, noch ehe er dem eigensinnigen Formenkanon der Bauhaus-Bewegung begegnen wird. Der Einband gilt den *Reisebildern* Heinrich Heines über Italien. Setzte Dorfner bei Wielands Versepos auf die magische Wirkung des tiefen Schwarz, so lässt er sich jetzt vom Stimmungsbild des Textes zu einem flammenden Rot des Leders inspirieren. Die Unterschiedlichkeit zum Band der Rupprecht-Presse leuchtet sofort ein: Das jubelnde Rot spiegelt die Sinnlichkeit, die Lebensfreude einer südlichen Welt, die, blättert der Leser auf, Heines Wortzauber beschwört.

Die Funktion des Titels reduziert Dorfner radikal auf die Angabe von Dichter und Titel, beide, dem Formensinn des Südens entsprechend, aus einer Antiqua gesetzt, beide in die höchste von vier Abteilungen des Rückens versetzt. So erhält Dorfner freie Hand, spiegelbildlich auf beiden Deckeln eine ungeheure Weite zu eröffnen, die ihm erlaubt, ganz auf die bestechende Wirkung der Farbe und auf die des Materials, eines feingenarbten Maroquins, zu vertrauen (**ABB. 18**).

Diese Wirkung der Weite erlaubt es ihm, wiederum sein Spiel mit der feinen Linie in Gold zu treiben: ein Spiel, das er, ganz im Gegensatz zum Einband von *Geron der Adelige*, jetzt in schlanken, ineinanderlaufenden, ineinander verschränkten, dabei bis in die vier äußeren Ecken beider Deckel schwingenden Linien gestaltet, die er im Bogensatz ausführt, – von keiner einzigen sperrigen Geraden gehemmt. Wiederum gelingt es Dorfner dank seines meisterhaften

17 Otto Dorfner, Einband zu Christoph Martin Wieland, *Geron der Adelige*, 1919

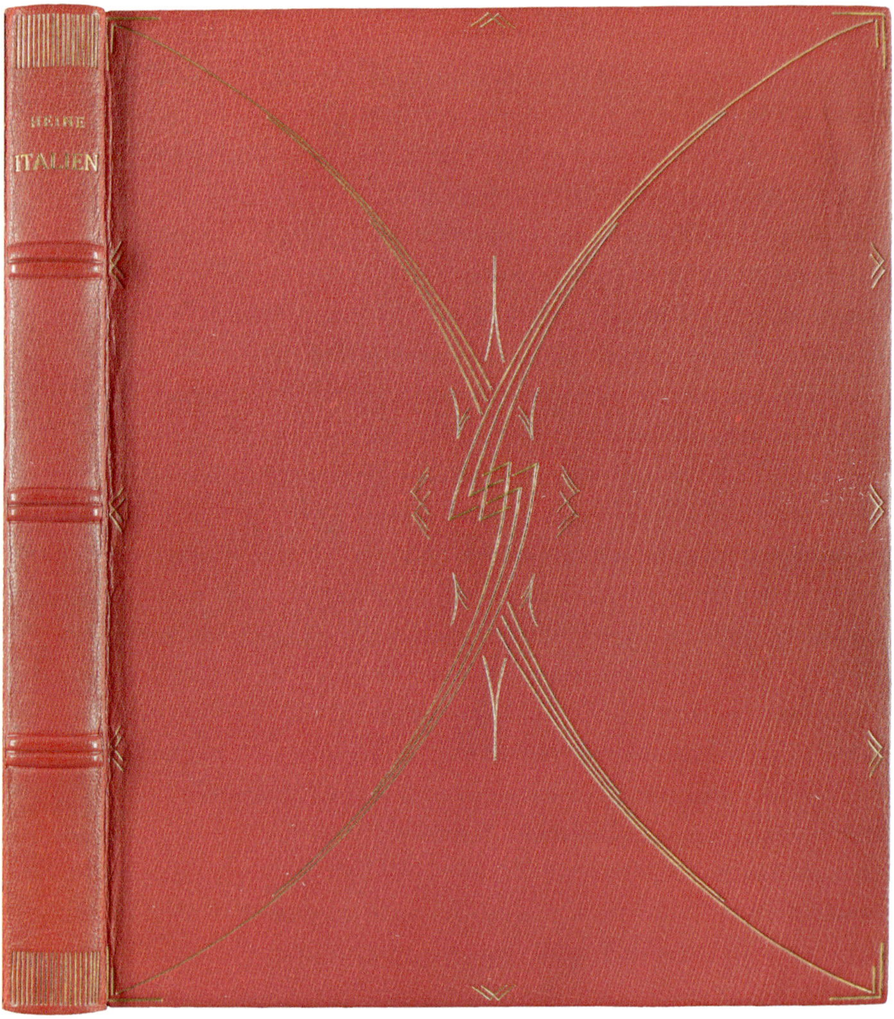

18 Otto Dorfner, Einband zu Heinrich Heine, *Italien*, 1919

Einsatzes von Farbe und Form, einen Einband aus dem Geist des Textes zu gestalten, nach seiner eigenen Terminologie ein »Geistwerk« zu schaffen – sodass er hier eine walisische Welt um 800, dort eine italienische um 1830 heraufbeschwört: und dabei, jenseits aller literarischen und aller historischen Assoziationen Einbände vor unser Auge zu stellen, deren Ästhetik, deren Formenschönheit sich jeder Erklärung entzieht.

Angesichts dieser beiden Einbände dürfen wir festhalten: Otto Dorfner ist, im 35. Lebensjahr stehend, im Jahr nach dem Großen Krieg ein souveräner Meister seines Handwerks, ein eigenständiger Künstler. Van de Velde war ein Vorbild gewesen, das ihn inspiriert hat, das sein Schaffen aber nicht mehr dominiert: Dorfner arbeitet nunmehr ohne die für van de Velde zentralen Ornamente, er setzt stärker auf die Schrift, deren Buchstaben unter seiner Hand Ornamentcharakter annehmen können. Und vor allem: Er setzt auf die schon van de Velde »heilige Linie« und entdeckt für sich den Zauber der Geraden, sei es in ihrem schlanken Lauf, sei es als flächiges Bündel – ein Element der Einbandgestaltung, das van de Velde weitgehend fremd geblieben war. Damit befand sich Dorfner bereits 1919 auf einem frühen Höhepunkt seines Schaffens, den er kaum übertreffen, den er aber für ein weiteres Jahrzehnt gegen jeden Einfluss behaupten sollte.

Diese frühe Reife sollte Otto Dorfner zugutekommen, als er sich noch im selben Jahr 1919 mit einer zweiten Formenwelt konfrontiert sah, die weit mehr wie die van de Veldes einen unübersehbaren Einfluss auf Kunst und Kultur des 20. Jahrhunderts haben sollte: die Formenwelt des Bauhauses.

Als »Staatlich unterstützte Fachschule für kunstgewerbliche Buchbinderei« hatte Dorfner seinen Meisterbetrieb ab Oktober 1915 nach der Auflösung der Großherzoglich Sächsischen Kunstgewerbeschule selbstständig weitergeführt und im April 1918 die gesamte Einrichtung aufgekauft. Insofern lieferte er Gropius neben der Textilwerkstatt den einzigen »Betrieb«, als der ihn als Werkmeister an das Bauhaus berief – oder, was stärker zu Buche schlug, den einzigen florierenden Betrieb, der schon zu van de Veldes Zeiten Gewinn abgeworfen hatte.

Den Arbeitsvertrag Dorfners vom 1. Oktober 1919 hatte Gropius eigenhändig entworfen und eindeutig auf den Handwerker, nicht auf einen Künstler Dorfner ausgerichtet. Dieser musste sich verpflichten, »[...] keine Privatschüler mehr aufzunehmen, sondern in seiner Werkstatt für Studierende des Staatlichen Bauhauses acht Lehrstellen einzurichten und zwar vier für Lehrlinge und vier für Fachschüler [...]« sowie jährliche Kurse für Hospitanten abzuhalten. So sah sich Dorfner zwar privilegiert, weil er mit seiner intakten Buchbinderei umziehen durfte in die großzügigen Räume der bisher van de Velde zustehenden Chefetage (**ABB. 1**). In Wahrheit aber fiel die Buchbinderei in den Augen von Gropius von Anfang an kaum ins Gewicht. »Nur wenig Interesse [...] hat die Buchbinderei zur Zeit als Lehrwerkstatt für uns«, sollte Gropius, allerdings im Rückblick, in einer Notiz vom 12. April 1928 feststellen, die somit als befangen bewertet werden muss. Doch leuchtet seine Begründung, für welchen Zeitraum auch immer, ein: »[...] da wir mehr noch als bisher unser Hauptaugenmerk auf die zum Bau gehörigen Werkstätten wenden mußten.«

Entsprechend mager war in den Anfangsjahren das Interesse der am Bauhaus Studierenden an der Buchbinderei. Als Otto Dorfner dann nach zweieinhalbjähriger Lehrtätigkeit um die vorzeitige Aufhebung seines Vertrags bat, waren es ganze zwei Studenten, zu deren weiterer Betreuung er sich verpflichten musste. Was er in diesem Zeitraum für das Bauhaus geleistet hatte, war vornehmlich die Beratung zahlreicher Bauhäusler gewesen, wenn Einbände, Mappen oder Schuber für ihre Grafiken gefertigt werden mussten. Dorfner blieb dem Bauhaus verbunden, dank seiner Aufgeschlossenheit und Hilfsbereitschaft durchaus beliebt unter den Kommilitonen – denen er zudem in dürftigen Jahren sein Haus und vor allem seine Küche voller Gastfreundschaft geöffnet und zahlreiche ihrer Arbeiten erworben hatte. Genau besehen war er als Werkmeister allerdings nur eine Randfigur unter den Bauhäuslern. Und war als Künstler nie gefragt. Dabei ist die Frage von zentralem Interesse: Wurde er als Buchkünstler von den Vorgaben des Bauhauses beeinflusst, von dem so breiten Formenkanon durchaus unterschiedlicher Künstler, die es angezogen hatte?

Obwohl Dorfner im ersten Jahr seines Wirkens am Bauhaus mit Paul Klee zusammengearbeitet und unter der unmittelbaren Aufsicht von Johannes Itten, Georg Muche und Lothar Schreyer gestanden hat, habe ich für den Zeitraum seiner Tätigkeit am Bauhaus nur einen einzigen Einband finden können, der nicht in der Tradition der beiden Einbände Dorfners aus dem Jahre 1919 stand. Dieser Einband galt einem Gästebuch. Dorfner hat es 1924 gebunden (**ABB. 19**). Das mag signifikant sein, denn eine Dichtung hätte, wie bei Wieland und Heine beobachtet, seinen künstlerischen Freiraum auf deren Welt begrenzt. Das Gästebuch hat Dorfner in ein karmesinrotes Oasenziegenleder mit geringer Narbung gebunden. Ein für ihn untypisches Liniengerüst aus vier vertikalen und drei horizontalen Geraden, teils breiten, teils schmaleren »Balken«, einmal einer feinen Linie, schwebt auf der linken Seite des Vorderdeckels. Dieses Gerüst trägt und schließt ein die beiden getrennten Wörter »GÄSTE« und »BUCH«, in Versalien horizontal gesetzt. Wobei Dorfner die Punkte des »Ä«, ihm gemäß, zu zwei feinen parallelen Linien streckt. In dieses Gerüst hat Dorfner ein Quadrat aus burgunderfarbigem Leder eingeschlossen, in dieses wiederum ein graublaues, in dieses wiederum ein goldenes, das endlich ein dunkelblaues Quadrat umschließt: ein bisher von Dorfner nicht gekanntes Spiel mit der Quadratform.

Man hat, ein wenig kühn wohl, gemeint, Dorfners Quadrate »nähmen die berühmte Serie von Gemälden und Graphiken vorweg«, die sein Weimarer Kollege am Bauhaus, Josef Albers, ab 1950 geschaffen habe. Außerdem wollte man mutmaßen, Dorfners Einband sei »eine Adaption der Form-Farbe-Beziehungen, die von Wassily Kandinsky 1922 am Bauhaus erkundet wurden: rotes Quadrat, blauer Kreis, gelbes Dreieck«. Für beide Thesen gibt es Anhaltspunkte, doch ergeben sie meines Erachtens keine schlüssigen Argumente, denn einerseits dehnt ein Zeitraum von drei Jahrzehnten Zwischenzeit einen Vergleich über Gebühr, zudem interessierten Dorfner weder Kreis noch Dreieck. So neige ich eher der Annahme zu, dass Dorfner bei diesem Einbandentwurf von den Konzeptionen der niederländischen De Stijl-Gruppe beeinflusst wurde: Theo van Doesburg hielt sich seit 1921 in Weimar auf und gab bis 1922 Kurse im Umfeld des Bauhauses. Will man anerkennen, dass dieser Einband Dorfners durchaus ihm

19 Otto Dorfner, Einband zu einem Gästebuch, 1924

bisher fremde Stilelemente enthält, so bleibt festzuhalten: Er blieb für den Künstler Otto Dorfner einzigartig, er blieb vor allem folgenlos.

Ende Mai 1922 schied Dorfner vorzeitig auf eigenen Wunsch aus dem Vertragsverhältnis mit dem Bauhaus aus. Für seinen Entschluss waren zwei Gründe maßgeblich. Da war einmal, wie bereits angedeutet, die ablehnende Einstellung von Walter Gropius, dass die Buchbinderei nichts mit dem »Bau«, dem wichtigsten Anliegen des Bauhauses, zu tun habe. In einem neunseitigen Memorandum stellte Gropius im Mai 1922 schroff fest, »[...] für die Buchbinderwerkstatt sei [...] innerhalb des Bauhaus-Programmes keine rechte Entwicklungsmöglichkeit vorhanden, weil sie, rein sachlich genommen, ganz außerhalb unseres Interesses liegt und liegen muß.« Schwerer fiel, diesmal aus Dorfners Perspektive, ein zweiter Gesichtspunkt ins Gewicht, den er selbst formulierte: »Die Zusammenarbeit von Formmeister und Werkmeister sei misslungen [...]. Eine ernste Handwerksarbeit könne niemals entstehen, wo Zeichner, Entwerfer und freie Künstler allein unterrichten, wo diese [...] die Fachlehrer im freien Schaffen eingeengt oder gar zu unsachlichen und unhandwerklichen Versuchen veranlaßt haben.«

Kurz, der Meister seines Handwerks begehrte auf, von einem »Formmeister« bevormundet zu werden, und hieße er Itten oder Muche, Klee oder Schreyer. Dorfner wusste doch, getragen von dem ihm eigenen Selbstbewusstsein, dass er sein Handwerk als Meister beherrschte – und musste sich somit gegen die hochfahrenden Forderungen der Bauhaus-Künstler wehren, welche nie die mühsamen Stufen seines Handwerks durchlaufen hatten. Entsprechend traf Dorfner den Entschluss, in Zukunft seinem eigenen Weg zu folgen: im tiefen Bewusstsein, inzwischen selbst Handwerker und Künstler, also sein eigener Werkmeister, sein eigener Formmeister zu sein. Er hatte sich »[...] mit der willkürlichen Flächenaufteilung, die im Kreise der Bauhäusler üblich wurde, ebenso wenig befreunden können wie mit den sinnlosen Blöcken oder dem Durcheinander vertikaler oder diagonaler Buchstabenanordnung«, wie Gustav Pazaurek schon 1923 mit Recht urteilte und weiter ausführte: »mit jener Sachlichkeit, die uns bis zum Überdruss zur Zeit des Expressionismus gepredigt wurde, in welcher der Handwerker mit seinen Leistungen eine sehr kleine Rolle spielte [...].« Zu solcher Dienstbarkeit wollte Dorfner sich nicht bequemen. Denn ihm war bewusst: Handwerk könne im günstigen Falle zum Geistwerk werden, Geistwerk dürfe aber nie vergessen, dass ihm gestaltendes »Händewerk« vorausgehe.

Dorfners Synthese von Tradition und Moderne

Exaktes Handwerk hin, künstlerisches Geistwerk her – Otto Dorfner wusste sehr genau, dass der gewaltige Schritt in die endgültige Selbstständigkeit, den er mit 37 Jahren wagte, weitere Fähigkeiten erforderte, um nicht nur zu überdauern, sondern um hervorzuragen. Ihm half die bemerkenswerte Vielseitigkeit, über die er verfügte. Denn der Handwerker und Künstler Dorfner war außerdem ein geborener Theoretiker, ein geborener Lehrer – und ein geborener Kaufmann. Hier kamen ihm die in fünfzehn Lehr- und Wanderjahren erworbenen Erfahrungen und deren schon unter van de Velde betriebene Entwicklung zugute.

Ein Künstler ist fast nie ein guter Kaufmann, und auch ein Handwerker ist es nur im Glücksfall. Dorfner aber hatte nie aus dem Auge verloren, dass ein Betrieb, sollte es denn sein Betrieb bleiben, von einem immer wachen Sinn für das Verhältnis von Einnahmen zu Ausgaben gesteuert werden musste. Solche Kalkulationen lagen Dorfner. Er sah seinen Betrieb nicht auf den tönernen Füßen exklusiver Aufträge für Luxusbände stehen, sondern setzte zudem seinen in Deutschland überragenden Ruf als Lehrmeister dafür ein, einen steten Fluss von Lehrlingen und Schülern nach Weimar zu lenken. Zudem benötigte er umfassende und vor allem stetige Aufträge für die exzellente Handwerksarbeit, die er bieten konnte.

Das mochten Aufträge wie die von Harry Graf Kessler sein, der Ende der 1920er-Jahre Hunderte Bände für seine Cranach Presse, für deren »normale« Ausgaben, orderte. Das sollten aber nicht zuletzt Aufträge von staatlicher Seite sein, von Organen, die stolz auf ihren Meister in Weimar waren, ihren »Deutschen Meister« Dorfner, ob republiktreue Anhänger der demokratischen Parteien, ob Nationalsozialisten oder Kommunisten. Es mochten vielfach »geistlose«

Aufträge sein, doch waren sie lukrativ, zudem kamen Folgeaufträge; und Dorfner würde keinen verschmähen. Bestand doch seine Lebensleistung nicht zuletzt darin, dass er sich durch Fleiß und mit einem gewissen Maß an politischer Bedenkenlosigkeit leisten konnte, auf Dauer als Künstler zu wirken.

Zu Dorfners Bild gehört aber auch, dass er ein begnadeter Lehrer war, ein strenger sicherlich, aber ein immer Anteil nehmender Lehrer, nicht nur der Gruppe, sondern immer dem einzelnen Schüler zugewandt. Seine knappen, nicht selten harschen Kommentare waren oft gefürchtet, aber immer begehrt.

Bei all dem fand Dorfner mit zunehmendem Alter ein drittes, oder wenn man so will, fünftes Betätigungsfeld: Er schrieb. Er wurde zu einem eifrigen und einflussreichen, ja zu dem im deutschen Sprachraum führenden Theoretiker seines Handwerks. Von der Mitte der 1920er- bis zur Mitte der 1940er-Jahre hat Otto Dorfner, vor allem in den beiden führenden Fachzeitschriften seiner Zunft, dem *Archiv für Buchbinderei* und dem *Archiv für Buchgewerbe und Gebrauchsgraphik,* mehr als zwei Dutzend Aufsätze verfasst. Er hat damit sein Wissen, seine Erfahrung und seine Einstellungen künftigen Generationen von »Einbindern« bis heute dienstbar gemacht. Dabei widmete er sich gerne dem kleinsten Detail, so 1941 seinem Lieblingsgebiet mit einem Text über *Die Handvergoldung,* oder einem so speziellen Arbeitsfeld wie dem *Einledern des Halb- und Ganzfranzbandes* aus dem Jahre 1940. Auf der anderen Seite seines weiten Spektrums finden wir grundlegende theoretische Überlegungen über Sinn und Unsinn des eigenen Handwerks, etwa in dem Aufsatz *Die schöpferische Erneuerung der Handbuchbinderei* von 1936 oder in den Reflexionen zu *Handwerk und Kunst* aus dem Jahre 1934.

Tritt uns also Otto Dorfner in seiner zweiten Lebenshälfte als solider Kaufmann, als begehrter Lehrer, als wortmächtiger Theoretiker vielseitig vor Augen, so interessiert umso mehr, was er in den 1920er-Jahren nach seinem Gastspiel am Bauhaus als Künstler schuf.

Zwei Einbände, nur Monate nach seinem Ausscheiden aus dem Vertrag mit Gropius gestaltet, belegen, dass Dorfner nahtlos an die Schaffensperiode von 1919, denken wir etwa an den Einband zu *Geron der Adelige* (**ABB. 17**), anzuknüpfen vermochte. Beide Einbände

20 Otto Dorfner, Einband zu Friedrich Koffka, *Kain*, 1922

KAIN

verraten keinerlei Einfluss durch den Kanon der Formmeister des Bauhauses, widerlegen also die bisher gängigen Formeln von einem *Otto Dorfner zwischen van de Velde und Bauhaus,* wie eine Ausstellung 1999 suggerierte. Vielmehr erweist sich Dorfner erneut als Meister der Linie, die er, ob zur Geraden gestreckt oder als Bogen ausschwingend, zum »Singen« bringt, wie Rainer Maria Rilke es formuliert hat.

Als Material zu *Kain,* Friedrich Koffkas heute vergessenem Drama von 1917, diente Dorfner ein dunkelviolettes, für das Auge des Betrachters ins Schwarze spielendes Kalbsleder. Dabei ist sein Entwurf außerordentlich suggestiv: Auf Vorder- wie Hinterdeckel münden von oben, streben von unten wie in einer Sanduhr zwei aus feinsten horizontalen Goldlinien gebildete Dreiecke zu den vier aufeinandergesetzten Versalien des Titels *KAIN.* Die vier Antiqua-Versalien auf dem Vorderdeckel treten umso stärker hervor, als zur Linken wie zur Rechten, in sicherlich bewusstem Kontrast zu den linearen Dreiecken, ein bodenlos dunkler Raum gähnt. So wird der Titel *KAIN* auf einzigartige Weise herausgestellt: Will doch der eigenartige Text des Dramas, dass es hier nicht um das Verhältnis von Kain zu Abel und nicht deren je unterschiedliches Verhältnis zu Gott geht – wie zumeist. Es geht vorab um die Psychologie eines Ichs, eben um Kain. Um einen Kain in lichtloser Nacht, eingepfercht von beengenden Mächten. Davon erzählt uns die Ästhetik von Dorfners meisterhaftem Einband (**ABB. 20**).

Dagegen setzt der Einband Dorfners zu Alexander Popes *Der Lockenraub* aus dem Jahre 1923 gleichsam ein Feuerwerk von Linien frei: Sie steigen, im Bogensatz vergoldet, über Vorder- und Hinterdeckel, wobei zwei von vier Linien auf dem Rücken zusammenlaufen. Zwei von Dorfner entworfene Ornamente stehen gleichsam als »Funken« zwischen den acht weitschwingenden Linien: All dies eine ästhetische Referenz Dorfners an den heiteren, ja frivolen Text des späten 18. Jahrhunderts. So legte Dorfner mit seinem Entwurf hier ebenfalls ein »Geistwerk« vor, das den Leser nicht durch ein prospektives Bild einstimmen will – wie so viele von Dorfners Vorgängern und Zeitgenossen es versuchten: Denken wir nur an Aubrey Beardsley, der bei seinem Einbandentwurf der Verlockung erlag, demonstrativ eine Locke mit Schere zu zeigen. Dorfner gelingt es, durch sein abstraktes und zugleich höchst lebendiges Formenspiel mit der Linie den Betrachter einzustimmen auf die Welt des Wortes, die ihn erwartet (**ABB. 11**).

Die folgenden Jahre liefern immer neue Höhepunkte dieser reifen Schaffensperiode Otto Dorfners, deren Beginn wir früh, mit dem Vorjahr des Ersten Weltkriegs, angesetzt haben und die sich über knapp zwanzig Jahre bis etwa 1931 erstreckte. In den neun Jahren nach dem Abschied vom Bauhaus verließ eine Zahl von wenigstens sechzig herausragenden Einbandwerken aus Dorfners Hand seine prosperierende Werkstatt, bis bald nach 1930 eine spürbare Zäsur einsetzte, die Dorfner nun zunehmend als Funktionär des Handwerks in Thüringen wie als Funktionär für seine Zunft und deren Verbände forderte. Dabei erntete Dorfner bereits in diesen 1920er-Jahren die äußeren Ehren und den materiellen Erfolg, den seine reiche Produktion beförderte. Im Jahr 1926, als in Weimar als Nachfolgerin des nach Dessau gezogenen Bauhauses die Staatliche Hochschule für Handwerk und Baukunst gegründet wurde, berief der neue Direktor Otto Bartning Dorfner als Professor. Eine lange Reihe von Ausstellungen stellte Dorfners Werke in mehr als einem Dutzend deutscher Städte vor. Selbst als dem Reiher-Verlag, den Dorfner nach der Bauhaus-Episode gründete, beraten von seinem Freund, dem Grafiker und Maler Walther Klemm, ein nachhaltiger Erfolg versagt blieb, florierte Dorfners Werkstatt. Sie genoss einen führenden, wenn nicht den führenden Ruf im deutschen Sprachraum, ja seit dem Erfolg auf der BUGRA 1914 auch in Europa. Das belegen die hohe Zahl seiner Aufträge wie die hohe Zahl seiner Schüler.

Zwei Einbände aus den späten 1920er-Jahren führen uns die unverminderte Spannkraft von Dorfners künstlerischer Eingebung vor Augen. Der Vorderdeckel eines Bands zu Giovanni Boccaccios *Decamerone* aus dem Jahre 1928 bestätigt Dorfners Ruf als den eines Meisters der Linie und der Schrift (**ABB. 21**). Sieben schmale vergoldete horizontale Linien am Boden, sechs am Kopf setzen den Rahmen zu einem Vorderdeckel, den drei zu drei angeordnete Antiqua-Versalien, von Dorfners Hand geschnitten, beherrschen. Dabei gelingt es dem Buchkünstler, die Buchstaben in den beiden ersten Reihen so zu verschränken, in der dritten so einander gegenüberzustellen,

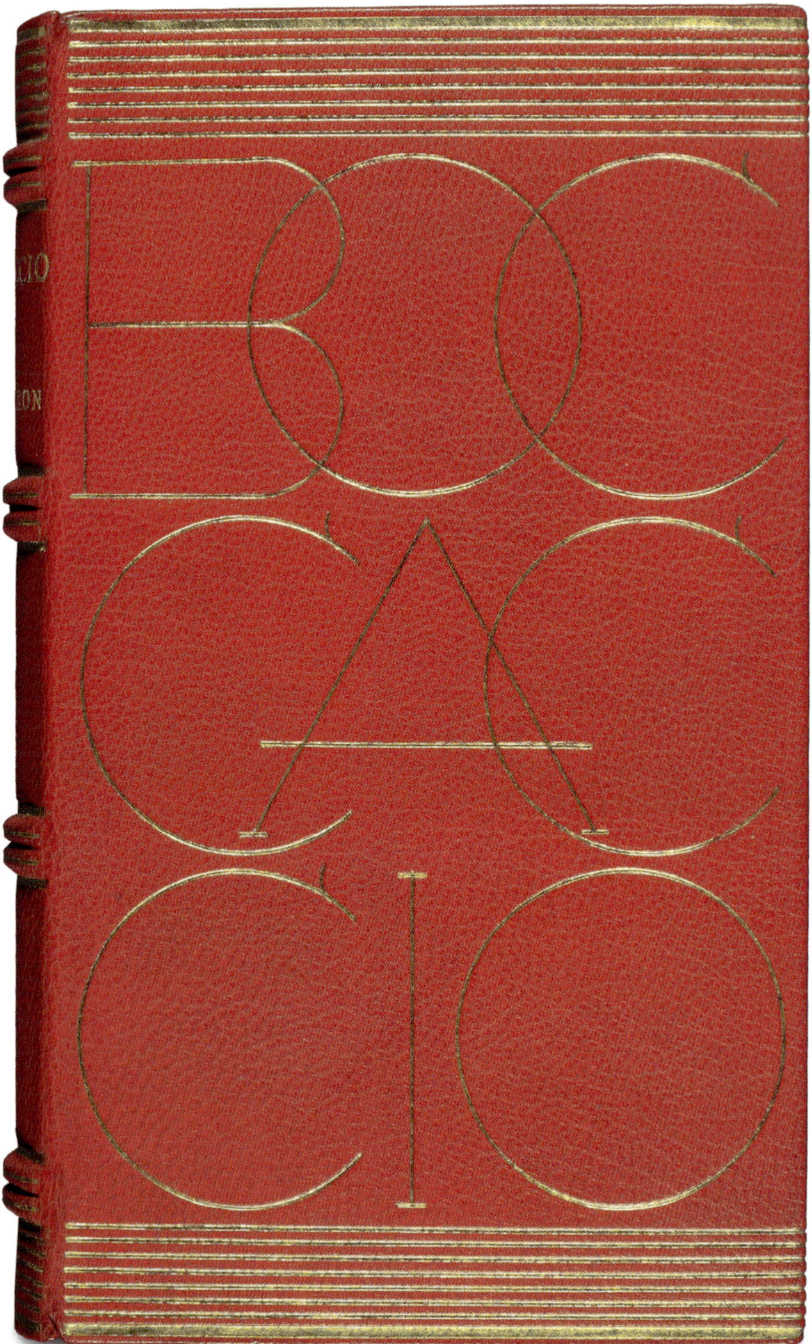

21 Otto Dorfner, Einband zu Giovanni Boccacio, *Das Dekameron*, 1928

dass die geraden bzw. die gebogenen Linien dank ihrer Überschneidungen oder ihrer Gegenstellung Flächensegmente einfrieden oder freisetzen, die unser Auge entzücken. Unter seiner Hand entsteht ein Spiel von Linien und Flächen, dessen ästhetische Wirkung uns die prosaische Botschaft der Buchstaben vergessen lässt.

Damit verstößt Dorfner allerdings bewusst gegen eine Grundforderung der Buchkunst, gegen die Lesbarkeit. Denn das Auge des Lesers benötigt Zeit, ja, droht über den Genuss des ästhetischen Formenspiels das Vermögen zu verlieren, die Buchstaben in die sinnstiftende Folge des Dichternamens zu fügen. Dorfner genießt es, einen Zauber gerader wie geschwungener Linien zu entfesseln und dabei den individuellen Charakter jeder Versalie herauszustellen. Der Leser genießt, wie das »O« der ersten Zeile zwei Segmente des »B« und ein Segment des »C« freisetzt und ihnen zu einem das Auge beglückenden Eigenleben verhilft. Hinzu tritt die Wirkung der schmalen goldenen Linien auf den weiten Flächen des Karmesinrots eines fein genarbten Maroquinleders, nicht nur, wenn wir diesen Einband gegen die beiden »dunklen« stellen, die wir zuvor besprochen haben.

Eine völlig andere Formenwelt erschließt Otto Dorfners Einband aus dem Jahre 1927 für die Vorzugsausgabe des Leipziger Insel Verlags des deutschen Orientalisten Enno Littmann, *Vom Morgenländischen Floh,* die ganz von Marcus Behmers brillanten Radierungen geprägt war. Hier musste sich Dorfner nicht zuletzt auf den eindrucksvollen Formenkanon eines mehr als eigenwilligen Künstlers wie Behmer einstellen (**ABB. 22**). Das helle Grasgrün des stark genarbten Maroquin, das Dorfner hier gewählt hat, stellt uns eine exotische, die heitere naturnahe Welt des Orients vor Augen, wie Europäer ihn seit Goethes *Westöstlichem Divan* zu genießen gelernt hatten. Dieser Welt setzt Dorfner auf seinem Einband in meisterhafter Weise eigene Akzente: naheliegenderweise mit einer Form, die an die Sprunghaftigkeit des Flohs erinnert, der im Text die Rolle des Helden einnimmt. Dorfner lässt in diesem Fall seine Linien und Ornamente »hüpfen«. Einfache und doppelte Linien schwingen in weiten Bögen, aufeinander fußend, über Vorder- und Hinterdeckel des Bandes. Dabei, heben wir den Blick über beide Deckel, nicht in einem erratischen Durcheinander, sondern in symmetrischer Ordnung. In diese weiten Bögen setzt Dorfner einzelne Ornamente, die Büscheln, die Gipfelreihen gleichen – und die, lehnen wir uns zurück, ebenfalls durch eine strenge Symmetrie im Gleichgewicht gehalten werden.

Suggeriert uns Dorfner also, dass diese Ornamente das unberechenbare Spiel des Flohs, seinen Sprüngen folgend, treiben – oder lehrt er uns, dass auch das unbändige Spiel des Flohs, dieses so zarten wie sprungkräftigen Wesens, wie fast jede Natur gebändigt werden kann durch die Kunst, die eine Symmetrie kennt, die selbst den schwierigsten Floh zähmt. So entdecken wir auch hier, bei aller Leichtigkeit von seiner Hand, nicht nur ein »Händewerk«, sondern ein schwebendes, weil inspiriertes »Geistwerk«.

Der Künstler als Handwerker

Zum Ende der 1920er-Jahre versiegt der Strom großartiger Einbände aus Dorfners Hand. Das mag mit dem allgemeinen Verfall, ja der allgemeinen Verflachung des literarischen Niveaus im deutschen Sprachraum zusammenhängen. Der Insel Verlag etwa stützte sich jetzt nicht mehr auf seine langjährigen Säulen Goethe und Rilke, sondern auf Schriftsteller wie Hans Carossa oder den Flamen Felix Timmermans. »Kein Mensch liest mehr Goethe«, klagte der Verleger Anton Kippenberg; zumal für ein schönes Buch gäbe es keinen Käufer mehr, keinen verständnisvollen, keinen kauffreudigen.

Für Luxusgegenstände – und ein im Auftrag mit der Hand gebundenes Buch wird immer ein kostspieliger Luxusgegenstand sein – fehlte es zudem seit Ausbruch der Weltwirtschaftskrise an jener regen Nachfrage, die noch in den inflationären Nachkriegsjahren auf Sachwerte hatte setzen wollen.

Diese Erfahrung musste Dorfner auch in einem besonderen Fall machen: als er nach Henry van de Velde in der Person Harry Graf Kesslers zum zweiten Mal in seinem Leben einem außergewöhnlichen Förderer der Buchkunst begegnete, dessen Name bereits im Kaiserreich mit so maßgeblichen Projekten deutscher Buchkunst

22 Otto Dorfner, Einband zu Enno Littmann, *Vom Morgenländischen Floh*, 1927

wie der Großherzog-Wilhelm-Ernst-Ausgabe Deutscher Klassiker oder der erwähnten *Zarathustra*-Ausgabe verbunden war. Kessler hatte kurz vor dem Ersten Weltkrieg in Weimar seine Privatpresse gegründet, die Cranach Presse. Seit er Mitte der 1920er-Jahre endgültig in seinen Bemühungen gescheitert war, sich eine ihm gemäße Stellung im politischen oder diplomatischen Leben zu sichern, hatte Kessler sich seit 1925 verstärkt auf die Arbeit in der Cranach Presse konzentriert. In einem unglaublich kurzen Zeitraum von sechs Jahren sollte er fast ein Dutzend brillanter Pressendrucke gestalten, von denen drei – Vergils *Eklogen*, Shakespeares *Hamlet* und das *Hohelied Salomonis* – heute zu den schönsten Büchern des 20. Jahrhunderts gezählt werden und auf internationalen Auktionen exorbitante Preise erzielen (**ABB. 23**). Dabei kümmerte sich Kessler um jedes Detail des Buchs in Absprache mit den von ihm gewählten Künstlern wie Aristide Maillol oder Edward Gordon Craig sowie den von ihm beauftragten Übersetzern wie Gerhart Hauptmann und Rainer Maria Rilke. Er ließ, wie niemand sonst in Europa oder seither, für seine Bücher eigens Schriften schneiden und in einer von ihm mitfinanzierten Manufaktur sein kostbares Maillol-Kessler-Büttenpapier schöpfen. Nur die Einbände zu seinen einzigartigen Druckwerken stellte Kessler nicht selbst her. Sie zu binden, vertraute er, was die Büttenausgaben anbelangte, exklusiv Otto Dorfner und seiner Werkstatt an; doch auch eine Reihe der auf Japan oder Pergament gedruckten Vorzugsausgaben ließ er vielfach von Dorfner binden, diesmal nicht in Halbpergament, sondern in rotem Maroquin.

Dabei unterlag der Buchkünstler strengen Vorgaben: Dorfner, dessen Arbeiten Kessler seit der BUGRA 1914, speziell der *Zarathustra*-Ausgabe, vertraut waren, durfte als Handwerker nur ausführen, was der Graf sich vorstellte. Kessler, der sich schon auf jener Ausstellung entsetzt hatte über die flamboyanten Einbände der französischen Meister von Legrain bis Bonet, denen Europa seit Jahrzehnten zu Füßen lag, betrachtete den Einband vornehmlich als Hülle – und als Kleid nur insofern, als durch ein Eigenleben des Einbands nicht die Vorstellung des Drucks, also des Textes, der Schrift, der Illustration vorweggenommen und damit gestört werden durfte. Kessler verbot somit Dorfner genau das, was diesen als Künstler nicht zuletzt ausgezeichnet hatte: die Hinleitung des äußeren wie des inneren Auges durch Formen und durch Farbe des Einbands auf den anstehenden Text.

Kessler forderte Dorfner als exzellenten Handwerker: Er gab bei ihm für jeweils bis zu dreihundert Exemplare von fünfzehn Ausgaben eine Halbpergament-Version mit hellen Deckeln in Auftrag sowie eine Version in hellrotem Maroquin mit einfacher goldener Randlinierung der Deckel. Jede Ausgabe in Maroquin trug im hinteren Innendeckel unten den Namenszug »O. DORFNER. WEIMAR« und trägt somit seinen Namen bis heute in die weite Welt derer, die sich für die kleine Welt der Buchkunst begeistern (**ABB. 23**). Indirekt sah er sich damit wiederum anerkannt als Künstler –, obwohl die Tausende von Exemplaren natürlich nur unter seiner Aufsicht von seinen Mitarbeitern in der Werkstatt mit der Hand gebunden wurden.

Diese Serie von Aufträgen der Cranach Presse war für Dorfner aus zwei Gründen von einschneidender Bedeutung: Einmal war es ein Großauftrag, der seiner Werkstatt über fast sechs Jahre hin eine dauerhafte Beschäftigung bot. Kessler, der im Gegensatz zu Dorfner nie ein Kaufmann gewesen war und seine Presse über Jahre nur durch den Verkauf seiner privaten Kunstwerke, etwa von Maillol oder Seurat, unterhalten konnte, fehlten am Ende 1931 die Mittel, um die Zusammenarbeit mit Dorfner fortsetzen zu können.

Von unschätzbarer Bedeutung war aber der Zugewinn an Prestige, den Dorfner erntete. War er auch »nur« als Handwerker gefragt, so aber offensichtlich als der Handwerker, den der wählerische Kessler als einen der hervorragendsten Europas ansah. Sein Name war in Zukunft als Signatur im Hinterdeckel mit der höchsten Qualität zeitgenössischer Buchkunst verbunden – und verkündete dies, was die Quantität anbelangte, in aberhunderten Exemplaren den interessierten Bibliophilen im deutschen, im französischen und im angelsächsischen Sprachraum.

So war auch wegen der Zusammenarbeit mit Kessler der Handwerker Dorfner immer stärker gefragt, weniger der Künstler. Einen Namen machte sich Dorfner zugleich als Lehrer und als Autor. Dorfners Lehrbetrieb in Weimar rangierte in den 1930er- und 1940er-Jahren weiterhin an der Spitze der deutschen Buchbindereien. Hunderte

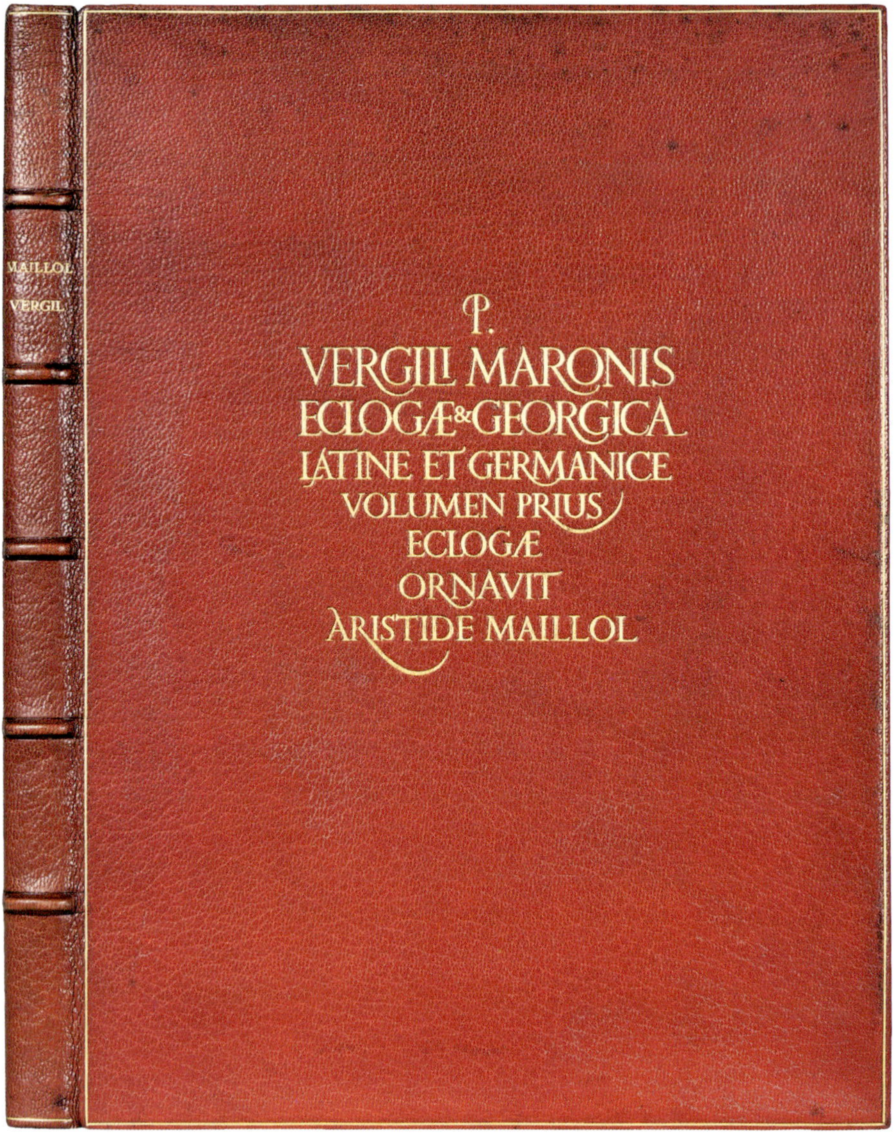

23 Otto Dorfner, Einband zu den *Eklogen* des Vergil, 1926 (Entwurf: Eric Gill, Harry Graf Kessler)

von Lehrlingen sind durch seine Schule gegangen, und neben Deutschen suchten auch Schüler aus den europäischen Nachbarländern den Ausbilder in Weimar auf. Als Fachmann publizierte Dorfner – wie bereits erwähnt – in beiden Jahrzehnten; zwei Beispiele mögen genügen, um die außergewöhnliche Fähigkeit Dorfners, die Abläufe seines Handwerks, ja seiner Kunst, in Worte zu fassen und so dem Betrachter die, wie Dorfners Lieblingsdichter Goethe es formuliert hätte, »Anschauung« zu vermitteln. Dorfner eröffnet einmal den Einblick in ein Gebiet, das ihn sein Leben lang fasziniert hat: das Vergolden. Nicht umsonst hatte er dieses Handwerk nach seiner Meisterprüfung zusätzlich erlernt und nicht von ungefähr berichtet uns seine Enkelin in ihren Erinnerungen an ihn höchst lebendig, mit welchem Fleiß und welcher Liebe er dieser Kunst selbst im hohen Alter noch anhing.

Hier ein Auszug aus Dorfners Aufsatz über *Die Handvergoldung* aus dem Jahre 1941. Bei der Verwendung von Handstempeln bei Einbandverzierungen müsse, so Dorfner, bei der Anfertigung der »Pause«, nämlich der notwendigen Werkzeichnung, mit Hilfslinien gearbeitet werden:

»Je nach der Anordnung der Stempel sind diese Hilfslinien mit Zirkel, Winkel und Reißschiene zu suchen, damit der Platz, an dem die Stempel zu stehen haben, auf das genaueste bestimmt wird. Gerade diese Hilfslinienarbeit muß sehr geschickt und sorgfältig ausgeführt werden, es muß einem Netzwerk gleichen. Eine äußerste Genauigkeit ist selbstverständlich nur zu erreichen, wenn Zirkel und Reißbrett in Ordnung sind, d.h. wenn der Zirkel selbst Präzisionsarbeit ist und wenn das Reißbrett an der linken unteren Ecke einen genauen rechten Winkel aufweist. Pausen für Vergoldungen mit Gleichlauflinien müssen noch genauer beschaffen sein. An ihnen wirkt sich jede – ja selbst die kleinste – Ungenauigkeit katastrophal aus. Der schöne Rhythmus der Gleichlauflinien beruht ausschließlich in der Genauigkeit der Abstände der einzelnen Linien und in der Geradheit der Linien selbst. Die kleinsten Ungenauigkeiten, die unter Umständen nur in Bruchteilen von Millimetern bestehen, ergeben schon wesentliche Störungen im Gesamtbild der Vergoldung.«

Wer einmal versucht hat, einen einfachen Gegenstand, einen Stuhl, einen Tisch mit Worten exakt zu beschreiben, muss erkennen, wie schwierig es ist, Gegenständen oder Tätigkeiten allein mit Worten gerecht zu werden, und wie einfach es im Vergleich fällt, geistreiche Gedankengänge zu buchstabieren. Ein zweites Beispiel mag belegen, dass Dorfner nicht nur minutiös bis ins Detail seine Handwerksarbeit darstellen konnte, sondern auch souverän, was die »geistigen Linien« betraf, zu argumentieren wußte.

Hier ein Ausschnitt über einen Bereich seiner Tätigkeit, die ihn – denken wir zurück an seine Lehrzeit bei Sütterlin oder an seine Zuarbeit für van de Velde – nachhaltig beschäftigte: Über den Umgang und Einsatz der Schrift. Ich zitiere aus seinem Aufsatz *Die Schrift im Arbeitsbereich des Buchbinders als fundamentales Mittel* aus dem Jahre 1928:

»Die Gestaltung von Schrift dekorativer Art bietet in allen ihren Teilen jene großen Reize, die wir aus den ornamentalen Zeitepochen der großen Stile, an dem kultivierten Fluß der Linie jener Zeiten, an dem Rhythmus ihrer Bewegung in Sonderheit verspüren. Das Formengut der Buchstaben ist so vielseitig, so abgeklärt und fein ausgewogen, wie wir es in dieser Vollendung selten auf einem anderen Gebiete kennen; eine Auseinandersetzung mit diesem Formengut ist darum für die Einbandschaffenden von größter Wichtigkeit.

Bei dieser Auseinandersetzung stoßen wir auf das Quadrat, auf den Kreis, auf das Rechteck und das Dreieck, ferner auf senkrechte, waagrechte, diagonale, kreisende, ovale, sich windende, fließende, anschließende, abschneidende, parallele, geometrische und optische Linien- und Formgebilde, deren Geheimnisse, deren Verhältnisse und Wirkungen zu und gegeneinander uns intensiv beschäftigen und fesseln werden. Wir werden im ganzen Umfang verstehen lernen was Schrift ist, welche konstruktive Formel sie erschließt, welch hohe Vollkommenheit sie in sich tragen kann und mit welcher Umsicht der am Einband Tätige mit diesem Kulturgut umgehen sollte.«

So ergänzten sich in den 1930er- und 1940er-Jahren seine Lehrtätigkeit am Werkplatz und seine Lehrtätigkeit als Autor von mehr als zwei Dutzend grundlegenden Arbeiten in den führenden Fachzeitschriften. Er war, was den Fachbereich der Buchbinderei anbelangte, der populärste deutsche Vertreter.

Diesseits aller Theorie müssen wir unser Augenmerk auf ein Schicksal richten, das über die Jahrhunderte hin nur wenigen Generationen zuteilwird: das Schicksal des alternden Dorfner, nach einer kurzatmigen fiebrigen Demokratie gleich zwei Spielarten einer Diktatur erleben zu müssen, die nationalsozialistische und die kommunistische. Wie weit er »musste«, wie weit er sie als Diktaturen empfand und bis zu welcher Schwelle er es mit ihnen hielt, wage ich angesichts der spärlichen mir vorliegenden Zeugnisse nicht zu beurteilen. Unbestritten bleibt, dass der Kaufmann Dorfner nicht zögerte, für beide Regime zu arbeiten, kaum dass sie 1933 (in Thüringen bereits 1930) und 1945 auftauchten und um sich griffen. Adolf Hitler war keine drei Monate an der Macht, als der Mitteldeutsche Handwerkerbund dem »seinem Berufsstand entstammenden Volkskanzler [...] einen Ehrenmeisterbrief« verlieh, den Otto Dorfner band und den Hitler im November 1933 im Weimarer Hotel Elephant von drei Abgeordneten der Handwerkerschaft empfing, unter ihnen der Meister der Buchbindekunst Otto Dorfner.

Der Bedarf einer Diktatur, ehrende, auszeichnende oder auch nur identifizierende Urkunden in Leder und Pergament binden zu lassen und ihnen damit einen sinnlich fassbaren und so den erstrebenswerten Ewigkeitswert zu verleihen – ob es nun Ahnenpässe, Familien- und Ortschroniken oder Ernennungen waren – ist unerschöpflich. Dorfners Bestreben war offensichtlich, den Betrieb seiner Buchbinderei nachhaltig mit Aufträgen zu versorgen.

Auf bizarre Weise überschnitten sich etwa im Jahre 1937 die begrenzt nationale und die nach wie vor lebendige internationale Hochschätzung Dorfners, als er auf der Pariser Weltausstellung den Grand Prix erhielt – wofür? Für den Einband eines deutschtümelnden »Erbhofbuchs«. Was seine internationalen Schüler, die aus ganz Europa zu ihm stießen, aus Schweden, den Niederlanden, der Türkei und natürlich dem deutschsprachigen Mitteleuropa, mit Stolz – und Skepsis erfüllt haben muss. Ästhetisch gesehen verfiel Dorfner in diesen 1930er-Jahren auf einen monumentalen Stil, der die geliebte Linie mehr und mehr durch die massive Säule ersetzte und an den frühen Einband zu Friedrichs *Über Klippen* erinnert (**ABB. 12**).

Politisch gesehen bediente sich das nationalsozialistische Regime nur zu gerne der hervorragenden Arbeiten eines ausgezeichneten

»deutschen Handwerkers«, der den zeitgebundenen Texten durch seine zeitlosen Ledereinbände eine scheinbare Dauer verlieh (**ABB. 28**). Während der kurzlebigen zwölf Jahre band Otto Dorfner kaum noch Dichtungen – auch weil in dieser Frist kaum noch Dichtungen erschienen –, sondern fast nur noch höchst prosaische und nur zu oft politische Texte. Er war als Handwerker internationalen Rangs gefragt. Kaum noch als Künstler.

Dorfners Bemühen, seine bürgerliche Existenz als selbstständiger Unternehmer im Machtbereich staatlicher Diktatur zu behaupten und sich hierfür die Aufträge der Machthaber zu sichern, setzte sich im kommunistischen Ostdeutschland fort: mit dem leisen Unterschied, dass er weniger Urkunden band als vielmehr die Staatsprosa eines Lenin oder Stalin. Wenn ein Fachmann wie Julius Rodenberg anlässlich einer Ausstellung Dorfner'scher Werke ein Loblied auf den Buchbinder anhob, setze sein Text unfehlbar ein mit dem ehrerbietigen Hinweis auf die Werke der beiden Sowjetführer, die dank Dorfners Hand den Status und die Gestalt langlebiger Klassiker erhielten.

Doch gab es einen gravierenden Unterschied zwischen den beiden Diktaturen, der Dorfners Gestalt in ein seltsames Zwielicht taucht. Hatte er, wie erwähnt, in der ersten Dekade kaum Dichtungen gebunden, so konzentrierte er sich in der zweiten Dekade ungeachtet seiner Alltagsarbeit als Lehrer und Buchbinder auf zwei aus jedem Rahmen fallende Großprojekte, die ganz einer Dichtung, einem Dichter gewidmet waren, Goethe. Es war, als wolle er sein Handwerk, seine Kunst exemplarisch einsetzen, um dem geistigen Deutschland in der Zeit des Ungeistes Denkmale zu setzen. Das eine stellte er unmittelbar ins Augenmerk der kommunistischen Führung: Dorfner beschäftigte seine Werkstatt seit 1948 über rund ein Jahr hin mit dem Einbinden der gesamten Weimarer Sophienausgabe, also von 143 Bänden, in dunkelblaues Saffian. Sicherlich, dies war anlässlich des 200. Geburtstags des Dichters im Jahre 1949 ein Auftrag des Präsidenten des Thüringer Landtags als Schenkung an das Goethe- und Schiller-Archiv. Aber es war zugleich ein monumentales Dokument, ein Denkmal des Geistes, das einen priesterlichen Rahmen fand, nämlich in einem 3,80 Meter breiten Klappaltar offeriert, ungebührlich gesprochen: eingesargt wurde (**ABB. 34–37**).

Der Effekt, selbst wenn er vielleicht auf einem Missverständnis beruhte, war verblüffend: Dorfner musste die gesamte Reihe im Schrein 1951 noch einmal binden für den Präsidenten der Deutschen Demokratischen Republik, Wilhelm Pieck, ja, noch ein drittes und ein viertes Mal, auch dieses Mal im bezeichnenden Rot, für die Regierung der DDR und andere höhere Dienststellen. Wie oft eines ihrer Mitglieder nach einem dieser Bände gegriffen hat, stehe dahin. Aber wir verstehen die Bedeutung von Dorfners Gabe nur, wenn wir uns in die Gedankenwelt der beiden deutschen Diktaturen hineinversetzen: Für beide war Goethe ein wichtiges Kulturgut. In seiner Tradition zu stehen, half nachdrücklich mit, beide Regime zu legitimieren. Den Nationalsozialisten war der Begriff des »Faustischen Menschen« sympathisch, und wie sie unberechtigt und verfälschend von Nietzsche geborgt hatten, so entlehnten sie auch diesen Begriff von Oswald Spengler. Den Kommunisten wiederum schlug das Herz höher, wenn sie aus dem letzten Akt von *Faust II* die Formel vom »freien Volk auf freiem Raum« zitieren konnten. Beide Regime wollten sich für einen Faust begeistern – und übersahen, dass gerade der späte Faust, denken wir an die Episode von Philemon und Baucis, ein brutaler Mordbrenner war, und am Ende dann ein blinder Betrogener.

Goethe, und insbesondere sein *Faust*, viel mehr als sein *Torquato Tasso* oder sein *Wilhelm Meister*, war aber zugleich eine Figur geistiger Zusammengehörigkeit, die das deutsche Bürgertum, das unter dem Deckmantel beider Diktaturen immer noch lebendig war, mit einem geistigen »ewigen« Deutschland verband. Und genau hier müssen wir Dorfners zweites außergewöhnliches, fast bizarres Projekt der Jahre nach 1945 ansiedeln: Er suchte nach jeder weltweit erschienen Ausgabe des *Faust* und kleidete sie in einen Einband von seiner Hand. Das war kein Auftragswerk, es wurde das Werk seiner Nächte, es wurde sein Werk – wenn man will, seine Obsession bis zu seinem Tod im August 1955. Er fand und band rund zweihundert Ausgaben des *Faust*. Die allermeisten hat er in Ganzleder, viele daneben in Halbleder oder Halbpergament gebunden: Es wurde das Werk seiner Abende und Nächte und, obgleich er es auch in Teilen Ausstellungen anvertraute, diese Obsession wurde zu seiner privaten Abbitte: die eines Deutschen, der in zwielichtigen Zeiten

24 Otto Dorfner, Einband zu Wilhelm Hausenstein, *Kairuan. Eine Geschichte vom Maler Klee und der Kunst*, 1947

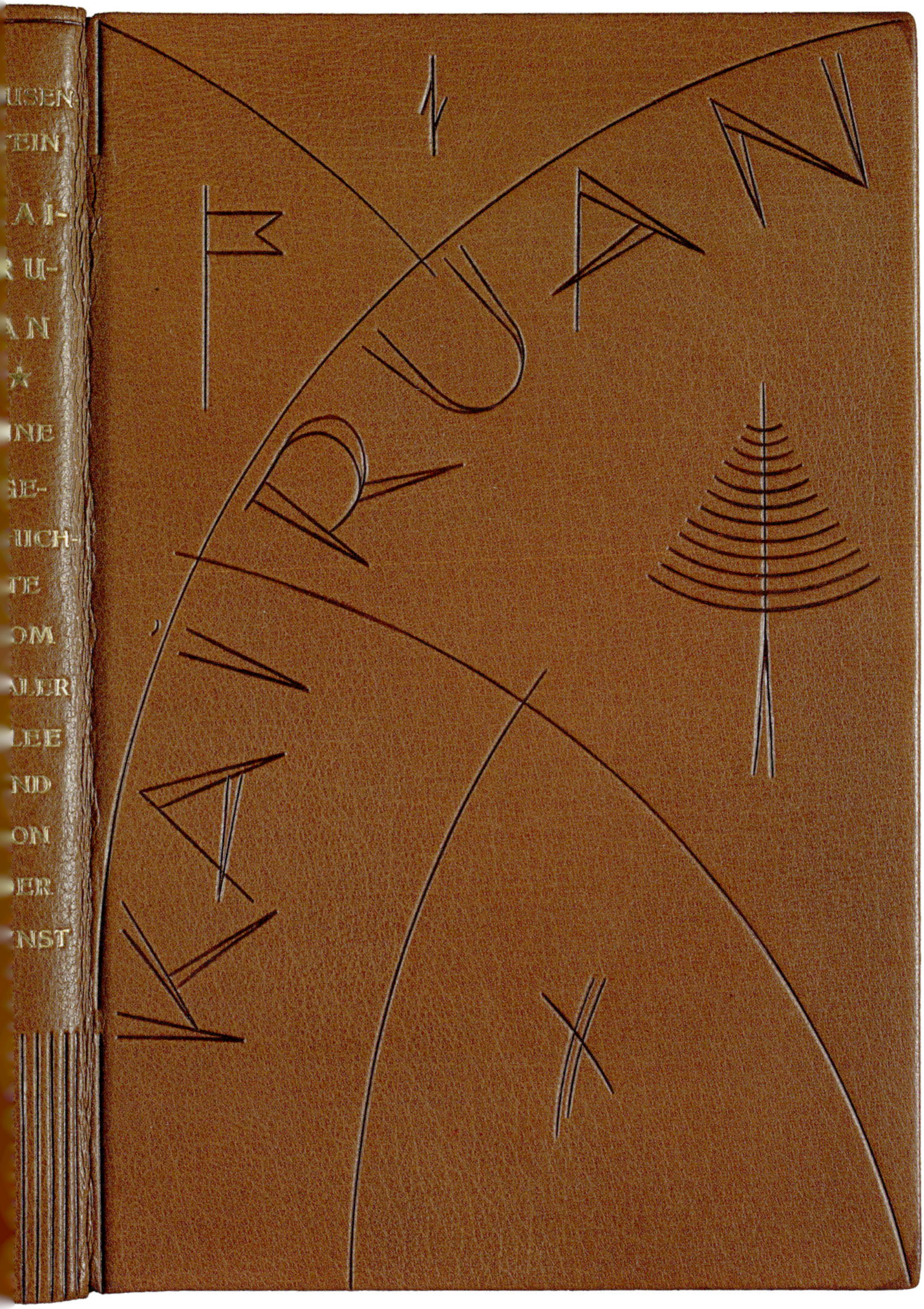

seine Rettung darin suchte, einem geistigen Deutschland weiterhin anzugehören.

War Otto Dorfner also einer der wenigen Deutschen, die Adolf Hitler und Thomas Mann die Hand geschüttelt haben, so nicht zuletzt deswegen, weil Thomas Mann in seinem *Doktor Faustus*, den Dorfner ebenfalls gebunden hat, das Hohelied auf den deutschen Handwerker, den deutschen Bürger gesungen hat und somit 1949 gerne Otto Dorfners Werkstatt in Weimar besuchte, was beide als symbolischen Akt empfunden haben mögen (**ABB. 27**).

Dabei dürfen wir nicht übersehen, dass Dorfners Vorliebe für jedwede *Faust*-Ausgabe unter ästhetischer Perspektive zugleich einen bedrückenden Aspekt hatte. Dorfner verstieß, wenn er selbst mediokre Ausgaben mit der Hand einband, unweigerlich gegen das Ideal des »Gesamtkunstwerks« Buch, wie es um 1900 aufgestellt worden war. Denn er band mit seiner kostbaren Hand auch Ausgaben, deren Druck, deren Typografie und Papier in keiner Weise das Niveau seines Einbands erreichte: Er band Unverbindliches und befand sich, so sehe ich es, trotz und wegen der rund zweihundert von eigener Hand gebundenen *Faust*-Ausgaben, in einer Sackgasse seines künstlerischen Schaffens.

Angesichts dieser seltsamen, in Phasen fast manischen Versiegelung Dorfners nach 1930 wirkt es wie ein Geschenk, dass uns mit *KAIRUAN* ein Einband aus seiner Spätzeit vorliegt, der Dorfners Meisterschaft auch für diesen Zeitraum bezeugt. *KAIRUAN. Eine Geschichte vom Maler Klee und von der Kunst* war ein Werk des hervorragenden Kunsthistorikers Wilhelm Hausenstein, publiziert 1921 im Kurt Wolff Verlag. Dorfner band es im Jahre 1947 in hellbraunes Maroquin *ecrasé* (**ABB. 24**). Dorfner nahm, dem orientalischen Sujet entsprechend, Grundstruktur und Einzelakzente seines Einbands zum *Morgenländischen Floh* wieder auf, etwa den Halbmond, jetzt nach links geöffnet. Er ruft aber auch – wie zuvor nie – neben ornamentalen figurative Elemente auf, die aus Klees Werken stammen: den Baum, die Fahne, das Auge. Sie alle schweben, unverbunden, vereinzelt in Segmenten eines weiten Raums, die durch jeweils vier weit ausschwingende bogenförmige Linien auf Vorder- und Hinterdeckel gebildet werden, die sich soeben kreuzen. Was Dorfner damit erreicht, ist der Effekt des schwerelosen Schwebens all dieser Elemente der Klee'schen Märchenwelt. Wenn etwas dominiert, dann der starke Bogen der sieben bewusst archaisch-primitiv gestalteten Versalien KAIRUAN, den Dorfner von unten links nach oben rechts über den Vorderdeckel schlägt. Einzig die parallel geführten vertikalen Goldlinien am Schwanz des Rückens erinnern an die Formenwelt des klassischen Otto Dorfner. Doch auch sie wirken eher gemeinsam als Säule und haben die Individualität der schmalen goldenen Geraden, einst Dorfners Markenzeichen, opfern müssen.

Mit diesem linear-geometrischen Stil, den er so viele Jahre lang gemeistert hatte und den er hier nur in Teilen bemüht, um wie beim *Morgenländischen Floh* eine orientalische Welt zu beschwören, hat Otto Dorfner sich, acht Jahre vor seinem Tod, noch einmal ein Denkmal gesetzt: das eines überragenden Handwerkers, der lesen wollte und schreiben konnte, beides selten in seiner Zunft. Und das eines intuitiven und zugleich reflektierenden Künstlers, der in einem Einband nicht nur die Funktion des Schutzes und nicht nur den Reiz eines Kleides entdeckt hatte; sondern der es vermochte, durch seine Kunst, ob dank gerader, ob dank gebogener Linien, dem Leser die Welt der Literatur zu erschließen, bevor er ein Buch geöffnet hatte. Wird seine Arbeit doch, wie Dorfners geliebter Dichter es so spöttisch wie ernsthaft formuliert hat, »für den geringsten Kopf immer ein Handwerk, für den besseren eine Kunst sein.«

ERINNERUNGEN AN MEINEN GROSSVATER OTTO DORFNER UND SEINE WERKSTATT

BEATE DORFNER-ERBS

25 Gruppenaufnahme der Familien Dorfner und Hoffmann. In der Mitte sitzend mit verschränkten Armen Otto Dorfner und seine Frau Margarethe mit dem erstgeborenen Sohn Hans-Werner. Rechts Margarethe Dorfners Vater, der Weimarer Hoffotograf Otto Hoffmann; rechts neben Margarethe Dorfner ihre Mutter und Großmutter; links stehend am Rand der Vater Otto Dorfners und vermutlich zwei seiner Söhne; Aufnahme 1913

ZUR ZEIT MEINER GEBURT, IM JANUAR 1943 in Weimar, war mein Vater dienstverpflichteter Stabsarzt in der zu einem Notlazarett eingerichteten Pestalozzischule. Im selben Jahr erkrankte meine Mutter Elisabeth, die zuvor Zahnärztin gewesen war, schwer. Ende 1944 wurde sie in ein Sanatorium nach Sonthofen im Allgäu überführt und verstarb dort im August 1945 im Alter von gerade dreißig Jahren.

Einen ersten Schicksalsschlag hatte meine Familie bereits 1941 verkraften müssen. Günter Dorfner, der jüngere Bruder meines Vaters, hatte 1939 seine Gesellenprüfung zum Buchbinder bei der Firma Lüttich in Weimar erfolgreich bestanden. Unmittelbar im Anschluss wurde er zum Kriegsdienst eingezogen und fiel 1941, kaum 22-jährig, im Russlandfeldzug.

Meine Großeltern hatten damit nicht nur den jüngsten Sohn, sondern zugleich den potenziellen Nachfolger für die Werkstatt verloren. Infolge dieser Schicksalsschläge zog mein Vater, Dr. Hans-Werner Dorfner, wieder in sein Elternhaus in Weimar und absolvierte von 1946 bis 1950 ein Zweitstudium an der Hochschule für Graphik und Buchkunst in Leipzig. Außerdem belegte er einige Semester Typografie an der Hochschule für Baukunst und Bildende Künste (heute Bauhaus Universität) in Weimar. Im Jahr 1950 bestand er sein zweites Examen zum Diplom-Grafiker; studienbegleitend hatte er noch eine Ausbildung zum Buchbinder in der Werkstatt seines Vaters Otto Dorfner absolviert.

In jenen Jahren lebte ich bei meinen Großeltern. Margarethe Dorfner, meine Großmutter, Tochter des Weimarer Hoffotografen Otto Hoffmann, war eine ebenso ehrgeizige wie strenge Frau. Sie kümmerte sich vorwiegend um meine musische Ausbildung. Klavier-, Akkordeon-, Schlagzeug- und Ballettunterricht brachten mich

26 Otto Dorfners Wohn- und Geschäftshaus in der Erfurter Straße 8 in Weimar. Mithilfe der Mitgift seiner Frau erwarb er 1912 das Doppelwohnhaus. Die spätklassizistische Fassade wurde nach 1974 purifiziert; Aufnahme 1913

neben der Schule an die Grenzen der Belastbarkeit. Kind sein war so gut wie nicht erlaubt.

Otto Dorfner war im Gegensatz dazu für mich ein Hort großväterlicher Liebe. Bei ihm fand ich Wärme und Geborgenheit. Er unternahm mit mir Wanderungen in die nähere Umgebung, erfand für mich Geschichten, mit denen er mich unterhielt, oder beschäftigte mich mit Bastelaufgaben in seiner Werkstatt. Viele Stunden verbrachten wir gemeinsam im Garten, seinem Ort der Entspannung (**ABB. 30**). Für mich brach eine Welt zusammen, als er 1955 starb, ein Jahr nach dem Tod seiner Frau. Insgesamt lebte ich von 1945 bis 1963 im Haus meiner Großeltern, das zugleich das Elternhaus meines Vaters war.

Die Zeit nach 1945

Seit dem 9. Juli 1945 stand Thüringen über fünf Jahre unter Verwaltung der Sowjetischen Militäradministration Thüringen (SMATh). Chef des Amtes für zivile Angelegenheiten mit Sitz in der Kommandantur in Weimar war Generalmajor Iwan Kolesnitschenko, ein 1907 in der Ukraine geborener, gebildeter und an Kultur sehr interessierter Mann, der sich engagiert um den Wiederaufbau der zerstörten Kulturstätten in Thüringen kümmerte. Oft besuchte er meinen Großvater und erteilte ihm Aufträge, die Ausgaben von Werken Johann Wolfgang von Goethes aus seinem persönlichen Besitz zu binden. Damit geriet Otto Dorfner aus der Schusslinie der sowjetischen Geheimpolizei (GPU) und konnte ohne politische Zwänge seiner Arbeit nachgehen. Lebhaft erinnere ich mich an Besuche mit meinem Vater bei der Familie Kolesnitschenko. Mein Großvater mied dagegen diese Einladungen, denn er hielt nichts vom Wodka, der dort immer reichlich ausgeschenkt wurde.

Nach 1945 wurde Otto Dorfner von der Regierung mit zahlreichen Aufträgen betraut und sicherte sich damit seine Existenz. Für Staats- und Gastgeschenke waren Handeinbände von Goethes Werken immer geeignet. Ich erinnere mich an Ausgaben des *Faust* in chinesischer, russischer und bulgarischer Sprache, wobei mich ein chinesischer Einband in schwarzem Maroquin mit gelben, in Leder intarsierten chinesischen Schriftzeichen auf dem Vorderdeckel als Kind besonders beeindruckte.

Neben dem Büro meines Großvaters befand sich ein stets abgedunkelter, vor Tageslicht geschützter Ausstellungsraum. An den Wänden hingen rund zwanzig gerahmte Fotos, die die einzelnen Arbeitsschritte vom Rohexemplar bis zum fertig vergoldeten Handeinband veranschaulichten. Zwei große Vitrinen in der Mitte des Zimmers wurden den jeweiligen Kundenwünschen entsprechend bestückt. Aufgrund der politischen Gegebenheiten waren auch Einbände mit Werken von Karl Marx und Friedrich Engels, Lenin, Josef Stalin, Wilhelm Pieck, Walter Ulbricht, Otto Grotewohl, Johannes R. Becher und anderen zu sehen.

Seit Mitte des Jahres 1948 stand mein Großvater merklich unter Stress; Unruhe war in der Werkstatt zu spüren. Neben dem angenehmen Geruch von Leim und Leder kam ein für mich neuer Duft hinzu, als das Aroma von Bohnenkaffee die Werkstatträume erfüllte. Tag und Nacht wurde gearbeitet und der starke Kaffee, in dieser Zeit nirgends zu bekommen, sollte alle wach halten. Die Herkunft der Bohnen blieb ein Geheimnis meiner Großmutter. Grund war ein umfangreicher termingebundener Auftrag für meinen Großvater und seine beiden engsten Mitarbeiter. Bis 1954 sollte die Sophien- oder Weimarer Ausgabe (WA), Goethes gesammelte Werke in 143 Bänden, insgesamt viermal vollständig neu eingebunden werden (**ABB. 34-37**); siehe hierzu vertiefend den Aufsatz von Frank Sellinat.

Neben den Gastgeschenken waren damals auch kalligrafierte Urkunden auf Pergament oder Büttenpapier in kostbaren Leder- oder Pergamentkassetten Otto Dorfners tägliches Brot. Zur Entspannung widmete er sich in den späten Abendstunden dem Aufbau seiner eigenen Sammlung an Handeinbänden, auf die ich später näher eingehen werde.

Thomas Mann

Eine besondere Ehrung erfuhr mein Großvater im Sommer 1949. Thomas Mann reiste erstmals nach den langen Jahren seines Exils wieder nach Deutschland und hielt sich seit Ende Juli 1949 in Weimar auf. Anlass war die Auszeichnung mit dem Goethe-Nationalpreis und die Verleihung der Würde eines Ehrenbürgers der Stadt Weimar im wieder aufgebauten Deutschen Nationaltheater. Ein Foto aus diesen Tagen zeigt Thomas Mann in der Wohnung Otto Dorfners, im Hintergrund verdeckt seine Frau Katja, meinen Großvater und den damaligen Oberbürgermeister Hermann Buchterkirchen (**ABB. 27**). Es muss ein völlig überraschender Besuch gewesen sein, denn Otto Dorfner

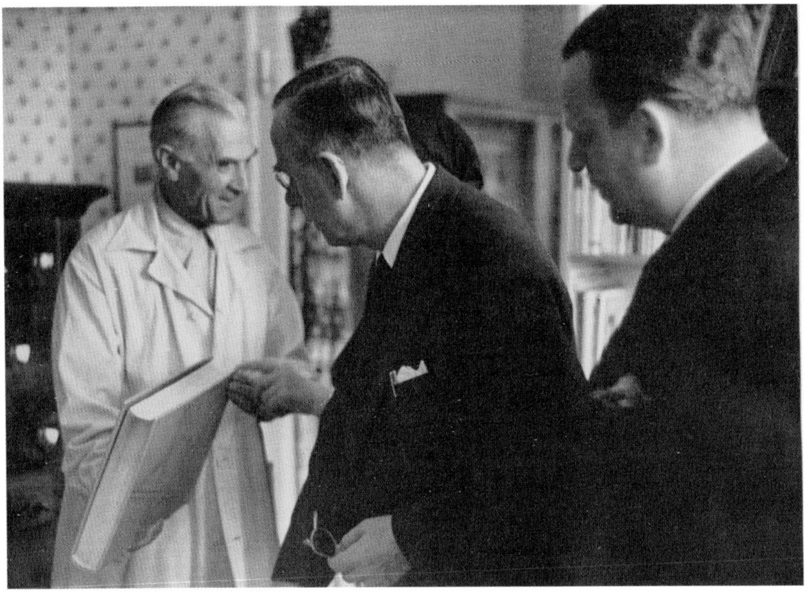

27 Thomas Mann und der Weimarer CDU-Bürgermeister Hermann Buchterkirchen (rechts) in der Wohnung von Otto Dorfner, der Thomas Mann und seiner hinter ihrem Mann verborgenen Frau Katja einen großformatigen Einband seiner *Faust*-Einbände präsentiert; Aufnahme Juli/August 1949

steht Thomas Mann in seinem Arbeitskittel gegenüber und zeigt ihm einen voluminösen Einband des *Faust*. Die Festrede Thomas Manns zur Preisverleihung mit einer persönlichen Widmung, gebunden von Otto Dorfner, wird bis heute in unserer Familie bewahrt.

Der Faust

Zeitlebens beschäftigte sich Otto Dorfner mit Goethes Werk, insbesondere mit dem *Faust*. Die ersten Einbände von *Faust*-Ausgaben für seine eigene Sammlung stammen aus der Zeit unter dem Einfluss Henry van de Veldes an der Großherzoglichen Kunstgewerbeschule (**ABB. 16**). Insbesondere nach dem Zweiten Weltkrieg rückten Faust-Einbände immer mehr in den Vordergrund der buchkünstlerischen Tätigkeit Otto Dorfners. Mit meinem Vater war ich oft in den Antiquariaten unterwegs auf der Suche nach seltenen

Verlagsausgaben der Goethe'schen Tragödie. Die vollständige Sammlung von Handeinbänden Otto Dorfners, es handelt sich um 173 verschiedene Ausgaben des *Faust* in 195 Bänden, befindet sich seit 2010 in der Herzogin Anna Amalia Bibliothek der Klassik Stiftung Weimar.

Faszination Vergolden

Verließ mein Großvater das Haus, trug er stets Notizzettel im Format DIN-A6 und einen Bleistift bei sich. Damit konnte er jederzeit Skizzen anfertigen, wenn er Einfälle zur Gestaltung eines Bucheinbandes hatte.

Das Vergolden der Einbände erledigte er immer am Abend, oft bis weit nach Mitternacht. Um diese Zeit konnte er mit vollster Konzentration und vollkommen ungestört arbeiten. Manchmal durfte ich ihm dabei zusehen. Allein der Geruch, der mich in der Werkstatt umgab, ein Gemisch aus Leim und Leder, versetzte mich in einen Glückszustand. Auf seinem Arbeitsplatz befand sich ein kleiner Gasbrenner, daneben ein Glas mit Wasser, in dem ein Pinsel steckte. Eine winzige Porzellanschale war mit Hühnereiweiß gefüllt, daneben ein weiterer Pinsel. Auf einem alten Lithografiestein lag der noch ungestaltete Leder- oder Pergamentband, überzogen mit Transparentpapier, auf dem der exakte Entwurf für den Einband dargestellt war. Oberhalb der Kalksteinplatte stand der Vergoldekasten mit Schubfächern, in denen sich kleine Hefte mit Blattgold befanden. Der Deckel war gepolstert und mit Wildleder bezogen; ergänzend lag ein breites flaches Messer bereit. Hinzu kamen die entsprechenden Vergoldungsstempel oder -rollen, die, sobald sie benötigt wurden, erhitzt und durch einen Pinsel mit einem Wassertropfen benetzt wurden. Am Zischen des Wassers konnte mein Großvater präzise die richtige Temperatur des Stempels erkennen, der das Leder nicht versengen durfte oder, wenn er noch zu kalt war, nichts bewirkte. Mit ruhiger Hand und dem nötigen Druck entstand durch das Transparentpapier der sogenannte Blinddruck auf dem Einband. War diese Arbeit erledigt, wurde das Papier entfernt und alle Blinddrucklinien

28 Otto Dorfner beim Vergolden eines großformatigen Ledereinbands; Aufnahme um 1940

mehrfach mit Eiweiß bestrichen. Als nächster Schritt folgte die Vergoldung. Der Größe des Stempels oder der Rolle entsprechend, wurde das hauchdünne Blattgold auf dem Wildleder des kleinen Holzkastens zurechtgeschnitten. Stempel oder Rolle wurden erneut über der Gasflamme erwärmt. War die Temperatur exakt erreicht, haftete das Blattgold an den Werkzeugen und konnte auf den Blinddruck des Einbands aufgebracht werden (**ABB. 28**). Eine höchst spannende, faszinierende Arbeit, der ich mit kindlicher Begeisterung folgte. Diese Stunden in der Werkstatt zählen zu den glücklichsten Momenten, die ich im Haus meiner Großeltern verbracht habe.

Ausstellungen

Die berufliche und buchkünstlerische Lebensplanung meines Großvaters war darauf ausgerichtet, privat einen repräsentativen Sammlungsquerschnitt seiner Einbände aufzubauen. Entsprechend ließ er

29 Blick in die Ausstellung in der Verwaltungsschule Weimar mit den von Dorfner entworfenen Standvitrinen; Aufnahme 1955

selbst entworfene transportable Pult-, kleinere und größere Standvitrinen, dazu passende Schränke und Transportkisten anfertigen, um im Alter, wenn die Hand zum Vergolden nicht mehr ruhig genug sein sollte, mit seinem Lebenswerk auf Ausstellungstourneen zu gehen.

Vom 7. Mai bis 26. Juni 1955 fand die erste umfassende Schau in der Verwaltungsschule (heute Landesverwaltungsamt; **ABB. 29**) unter dem Titel *Malerei, Graphik, Buchkunst* statt, an der sich auch seine Freunde Alexander von Szpinger (Malerei) und Walther Klemm (Grafik) beteiligten. Anschließend wurden Otto Dorfners über dreihundert Exponate vom 23. Juli bis 21. August 1955 im Landesgewerbeamt in Stuttgart gezeigt.

Mein Großvater war nach dem Tod seiner Frau von Krankheit gezeichnet. Die Eröffnung der Gemeinschaftsausstellung in der Verwaltungsschule konnte er noch miterleben. Am 13. Juni feierte er seinen 70. Geburtstag, verstarb aber wenige Wochen später am 3. August 1955. Mein Vater musste deshalb die zweite Station der Ausstellung in Stuttgart allein organisieren und hielt die Eröffnungsrede.

Kehren wir kurz zurück in das Jahr 1942. Der Zweite Weltkrieg erfasste immer mehr Länder und bildete immer neue Fronten. Mein Großvater verschickte deshalb Teile seiner Einbandsammlung zu seiner Schwester nach Kirchheim unter Teck in Württemberg, um das Risiko der Vernichtung in den Kriegswirren zu minimieren. Für die beiden genannten Ausstellungen in Weimar und Stuttgart gab er 1955 an, er benötige dringend die im Besitz seiner Schwester befindlichen Einbände. Eine Genehmigung seitens des Kulturministeriums der DDR wurde erteilt. Ein Transporter stand zur Verfügung, der die Bücher von seinem Geburtsort Kirchheim unter Teck nach Weimar beförderte. Diese Exponate für die Ausstellung in Stuttgart kehrten im Anschluss wieder zurück in die schwäbische Heimat nach Kirchheim unter Teck. Dort verblieben sie bis auf Weiteres – für immerhin 35 Jahre.

Im Jahr der Wende – 1989 – starb mein Vater 76-jährig unmittelbar vor dem Fall der Berliner Mauer. Im Folgejahr fuhr ich mit meinem Mann nach Kirchheim unter Teck. Wir brachten die dort befindlichen Einbände wohlbehalten und endgültig zurück nach Weimar.

Die Werkstatt nach 1955

Noch bevor Otto Dorfner 1955 starb, hatte er meinen Vater eindringlich vor weiteren Ausstellungen gewarnt, da zahlreiche willkürliche Enteignungen von Kulturbesitz nichts Ungewöhnliches waren. Das Vertrauen in die politische Führung der DDR in Bezug auf den Schutz von Privateigentum war nicht mehr gegeben.

Mein Vater hatte zwar seine Gesellenprüfung in der Werkstatt abgelegt und 1950 sein Studium zum Diplom-Grafiker erfolgreich abgeschlossen und führte die Werkstatt mit den beiden zuverlässigen und langjährigen Mitarbeitern Willi Leibiger und Rolf Ebert weiter. Vor dem Hintergrund und wohl wissend, dass Hans-Werner Dorfner im buchkünstlerischen Bereich niemals das hohe Niveau seines Vaters Otto Dorfner erreichen würde, drohte ihm allerdings für die Ausübung seines ersten Berufes ohne medizinische Praxis die Aberkennung seiner ärztlichen Approbation. Er entschloss sich deshalb 1956, die Werkstatt zu verpachten und wieder seiner Tätigkeit als Arzt nachzugehen.

Aus diesem Grund unterzeichnete er mit Wirkung zum 1. Januar 1957 einen Pachtvertrag mit der Hochschule für Graphik und Buchkunst in Leipzig. Der Vertrag enthielt eine Klausel, nach der mein Vater auf Honorarbasis noch einige Jahre künstlerischer Berater für die Werkstatt bleiben konnte.

Der Garten

Zu unserem großen Haus in der Erfurter Straße 8 gehörte im rückwärtigen Teil ein reizvoller Garten von knapp tausend Quadratmetern. Er diente schon meinen Großeltern als Ort der Ruhe und Entspannung. Oft besuchten ihn seine ehemaligen Schüler und man saß bei Malzkaffee und selbstgebackenem Kuchen im Grünen. In der Nähe befanden sich mehrere Gebäude der damaligen Hochschule für Architektur und Bauwesen. Seit 1967 wurde mein Vater seitens dieser Einrichtung immer wieder bedrängt und drangsaliert, diesen hinteren Teil des Grundstücks zu verkaufen, was er stets ablehnte.

Im Herbst 1968 lief ich zufällig die hinten an den Garten grenzende Coudraystraße entlang und sah zu meinem Entsetzen, dass Räumfahrzeuge und schweres Gerät den Zaun zum Garten beseitigt hatten. Die Arbeiter waren gerade dabei, eine alte Buche und zwei gewaltige Blaufichten zu fällen. Konsterniert fragte ich nach dem Zweck der Rodung auf unserem Grundstück und was denn mit den Pflanzen, dem Holz und den Gehwegplatten geplant sei. Alles war damals Mangelware und die Frage nicht ungewöhnlich. Der Verbleib der meisten Dinge stand längst fest; einige Arbeiter, die dort rodeten, hatten kleine Gärten und im Übrigen fand man für alles eine Verwendung.

30 Beate Dorfner und ihr Großvater Otto im rückwärtigen Garten des Hauses Erfurter Straße 8 in Weimar; Aufnahme 1952

Mein Vater – vor vollendete Tatsachen gestellt – konnte sich der staatlichen Willkür nicht länger widersetzen. »Alternativen« gab es keine; entweder er setzte seine Unterschrift unter den Kaufvertrag oder erduldete die Zwangsenteignung. Für den Minimalpreis von 15 Mark pro Quadratmeter ging das Grundstück 1969 in Staatseigentum über. Die Summe wurde in Teilbeträgen von 3.000 Mark pro Jahr ausgezahlt. Die Zinsen aus der hierfür einzutragenden Hypothek mussten außerdem zusätzlich bei der Steuererklärung berücksichtigt werden.

Das Haus

Mit dem Zwangsverkauf des Gartens hörten die Repressalien keineswegs auf. Beständig wurde mein Vater bedrängt, größere Investitionen am Haus meiner Großeltern vorzunehmen. Man muss dazu wissen, dass private Gebäude in der DDR meist nicht – oder allenfalls unzureichend – instand gehalten werden konnten, da Baumaterialien jeglicher Art Mangelware und kaum erhältlich waren. Andererseits stagnierten die Mieten auf solch geringem Niveau, dass die durch Investition in die Bauerhaltung entstehenden Kosten nicht annähernd gedeckt werden konnten.

Mein Vater konnte auf die Forderungen der Behörden nicht eingehen und der Druck nahm zu. Unter den gegebenen Umständen verwundert es kaum, dass er sich in seinem Haus nicht mehr »zu Hause« fühlte. Resigniert erklärte er sich schließlich 1974 bereit, das große Anwesen an den Staat zu veräußern (**ABB. 26**). Die wiederum viel zu geringe Summe musste er erneut hypothekarisch eintragen lassen und der Kaufpreis wurde – wie zuvor im Fall des Gartens – in Raten von jährlich 3.000 Mark ausgezahlt. Die letzte Summe erhielt er 1989 kurz vor seinem Tod. Die Werkstatteinrichtung mit allem Inventar, ausgenommen die einmalige Stempelsammlung seines Vaters, verschenkte er mit dem Verkauf des Hauses unter der Bedingung, sie im Sinne meines Großvaters weiterzuführen und junge Menschen weiterhin hier auszubilden.

Im Jahr 1978 wurde die Werkstatt von der Burg Giebichenstein, Kunsthochschule Halle, übernommen. Die Studenten wohnten im

Haus und bekamen im Rahmen ihres Studiums in dieser Traditionswerkstatt Einblicke in die künstlerische Buchgestaltung. Als 2011 die Hochschule ihre Außenstelle in Weimar schloss, war eigentlich ein Umzug mit der Verlagerung des Inventars nach Halle geplant.

Es folgten langjährige, zeitweilig ebenso schwierige wie enervierende Verhandlungen zwischen der Klassik Stiftung Weimar und der Hochschule in Halle mit dem Ziel, den Verbleib der Werkstatt mit den über hundert Jahre alten, bestens erhaltenen Maschinen, Werkzeugen, seltenen Papieren, Möbeln, Büchern und einer als »national wertvolles Kulturgut« eingestuften einzigartigen Stempelsammlung für Weimar zu sichern (**ABB. 7, 8**).

Ende 2017 gelang es schließlich der Klassik Stiftung Weimar, das vollständige Inventar der Werkstatt, das Otto Dorfner zum größten Teil bereits 1918 von der Großherzoglichen Schatullverwaltung erworben hatte, in Form einer Dauerleihgabe zu übernehmen. Im Neuen Museum wird die Werkstatt meines Großvaters künftig im Kontext von Henry van de Veldes Kunstgewerbeschule, seiner ersten Wirkungsstätte in Weimar, einer breiten Öffentlichkeit zugänglich gemacht.

Mein herzlicher Dank gilt Wolfgang Stockert, dem damaligen Kanzler der Burg Giebichenstein, dem es nach anfänglichen Rückschlägen mit dem Kultusministerium in Magdeburg zu einem Herzensanliegen wurde, die Übergabe der Werkstatt an die Klassik Stiftung Weimar noch vor seiner Pensionierung zu bewerkstelligen. Dankbar bin ich außerdem Thomas Föhl, ohne dessen steten Optimismus und jahrelanges Insistieren um einen Fortgang der Verhandlungen dieser einmalige Bestand für Weimar verloren gewesen wäre. Möge dieses Vorhaben von Erfolg gekrönt sein und vielen Menschen im digitalen Zeitalter ein neuerliches Interesse an dieser alten Handwerkskunst vermitteln.

VON MAX LÜTTICH UND OTTO DORFNER

Zu ihren Einbänden der Sophienausgabe

FRANK SELLINAT

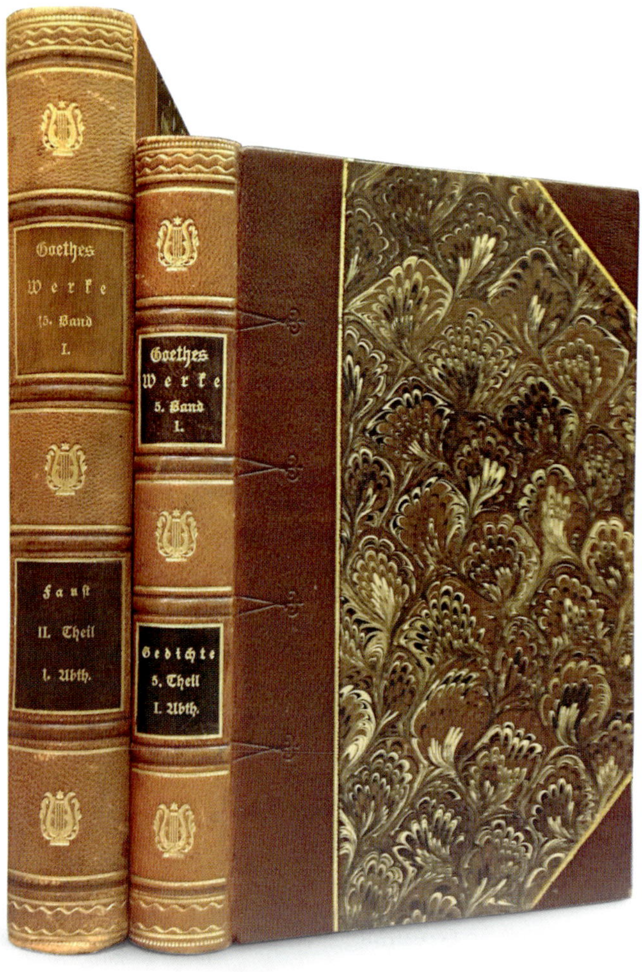

31 Bände der Sophienausgabe von 1887 in Groß-oktav und Oktav

»ICH HABE GEERBT und Deutschland und die Welt soll mit mir erben!« Mit diesem großherzigen Ausspruch quittierte der Überlieferung nach Großherzogin Sophie von Sachsen-Weimar, geborene Sophie von Oranien-Nassau, Prinzessin der Niederlande, 1885 die entsprechende Verfügung in Walther von Goethes Testament. Zeit genug, sich auf eine griffige Replik zu besinnen, war der Fürstin wahrlich gegeben worden. Der Universalerbe und letzte Enkel Goethes hatte es über zwei Jahrzehnte im Unbestimmten gelassen, was mit dem Familienarchiv nach seinem Tod geschehen sollte. Klarheit brachte erst die Testamentsverlesung am 16. April 1885, die den Großherzog (und Freund aus Kindertagen) Carl Alexander von Sachsen-Weimar-Eisenach zum Verwalter der Liegenschaften einsetzte und die Großherzogin in das Erbe des Familienarchivs. Dies umfasste alle Schriftstücke Goethes »wissenschaftlichen, poetischen, literarischen, administrativen und familiären Inhalts«, mithin nahezu alles, was wir heute von ihm kennen. Die Möglichkeit im Nachlass Goethes, etwa in seiner Korrespondenz zu lesen, besteht seit über hundert Jahren aber nur deshalb, weil sich die Großherzogin rasch dazu entschloss, die Herausgabe einer wissenschaftlich kommentierten Gesamtausgabe zu finanzieren. Bereits 1887 lagen die ersten edierten Bände gedruckt vor. Es bedurfte mehr als einer Generation von Gelehrten – letztlich waren über siebzig Wissenschaftler beteiligt –, bis die Sophien- oder Weimarer Ausgabe (WA) 1919 abgeschlossen war. Insgesamt waren 143 Bände in vier Abteilungen erschienen. Sie umfassen 63 Bände literarische und 14 Bände naturwissenschaftliche Werke, 16 Bände Tagebücher und fünfzig Briefbände. Die Ausgabe ist, neueren und handlicheren Ausgaben zum Trotz, die am meisten herangezogene Grundlage für den Umgang mit Goethes Schriften geblieben. Das liegt bis heute an der Vollständigkeit der Textüberlieferung, woraus sich die Möglichkeit einer einheitlichen und verbindlichen Zitierpraxis ergibt.

Nach der Übernahme des Nachlasses war noch im selben Jahr die Gründung der Goethe-Gesellschaft erfolgt und im Haus am Frauenplan war zugleich das Goethe-Nationalmuseum ins Leben gerufen worden. Parallel zur wissenschaftlichen Erforschung und Veröffentlichung des Nachlasses betrieb die Großherzogin den Bau eines repräsentativen Archivgebäudes. Im Jahr 1896 als Goethe- und Schiller-Archiv eröffnet, stellt es heute das älteste Literaturarchiv Deutschlands dar. Die doppelte Widmung im Namen verweist auf den katalysierenden Effekt, den die großherzoglichen Stiftungen gezeitigt hatten: angeführt von dem Beispiel der Nachkommen Schillers waren den Weimarer Regenten zahlreiche Schenkungen, Nachlässe oder Kaufangebote zugegangen, die das ursprünglich ins Auge gefasste Goethe-Archiv zu einem Literaturspeicher der deutschen Klassik erhoben.

Großherzogin Sophie beauftragte den Buchhändler Hermann Böhlau, dessen Verlag auf der Hofbuchdruckerei in Weimar und Jena aus dem 17. Jahrhundert gründete, mit dem Druck der gesamten Ausgabe. Böhlau hatte bereits seine Zuverlässigkeit beim Druck der Werke Martin Luthers unter Beweis stellen können, die ab 1883 erschienen waren und nach 127 Bänden erst im Jahr 2009 beendet wurden. »Vornehm und einfach« habe die Erscheinung der Goethe'schen Ausgabe zu sein, so die Großherzogin. Gedruckt wurde bis zum letzten Band in einer Fraktur und auf Papier, das sich nach über hundert Jahren als nicht so stark durch sauren Papierfraß beschädigt erweist, wie es hätte der Fall sein können. Verlässliche Angaben zur Auflagenhöhe sind nicht überliefert. Von den Büchern der Abteilung 1 wird eine Druckquote von mehr als dreitausend Stück pro Band angenommen und von denen der übrigen drei Abteilungen jeweils 1.500 Stück pro Band. Das ergibt eine Gesamtauflage von ungefähr dreihundertdreißigtausend Exemplaren. Statt im Format der regulären Oktavausgabe von 14 mal 21 Zentimetern wurde davon etwa ein Viertel in Großoktav hergestellt. Für diese Bände im Format 16 mal 24 Zentimeter wurde der Satzspiegel nicht verändert, sondern die Außenstege wurden

32 Blick in die Buchbinderei Lüttich mit hohen Stapeln der Sophienausgabe. In der Mitte stehend Paul Lüttich, der dritte Inhaber der Firma; Aufnahme von 1908

beim Beschnitt der Buchblöcke lediglich größer stehen gelassen. An den Buchhandel und die Subskribenten ausgeliefert wurde entweder in »geholländerten«, also nicht dauerhaft gehefteten Verlagsbroschuren, welche die Möglichkeit des nachträglichen Einbands offenließen, oder in den vorgesehenen Halbfranzbänden der ortsansässigen Buchbinderei Max Lüttich (**ABB. 31**).

Max Lüttich war der Sohn von August Lüttich, der 1835 die Gründung seiner Werkstatt angezeigt hatte, die am selben Ort und in wiedererkennbarer Einrichtung bis auf den heutigen Tag besteht. Der 1959 geborene Buchbindemeister Thomas Lüttich ist in direkter Folge der männlichen Nachkommen in sechster Generation Betreiber der Werkstatt.

33 Thomas Lüttich, der sechste Inhaber der Firma, vor den »historischen« Neueinbänden der Sophienausgabe, der Verfasser und Alrun Reinhardt in der Buchbinderei Lüttich; Aufnahme Winter 1992

In den Unterlagen der ehemaligen Hofbuchbinderei Lüttich heißt es zu den Einbänden: »Man einigte sich auf Halblederbände in braun Saffian, auf dem Rücken je zwei rote Goldschriftschildchen mit so reichlicher Betitelung, wie sie keine Goethe-Ausgabe bisher getragen hat. Zwischen den erhabenen Rückenbünden und den Titeln sollen Lyras [sic!] stehen, das Überzugspapier, sowie das Vorsatz, wird handgefertigtes Pfauenmarmor sein.« Ergänzt werden kann, dass die Buchschnitte ebenfalls dreiseitig marmoriert wurden und in den Rückenfeldern schließlich ein bräunliches und ein schwarzes Schildchen angebracht wurde. Der Einband für die Sophienausgabe wurde bis 1919 über zweihunderttausendmal in der Weimarer Werkstatt in Handarbeit hergestellt (**ABB. 31, 32**).

Die Sophienausgabe kam ein weiteres Mal nach 1989 zu Ehren, als das Ehepaar Helmuth und Sybille Steenken die Neueinbindung der im Bestand der Universitätsbibliothek ihrer Heimatstadt

Oldenburg vorhandenen Ausgabe mit dem Ziel einer historischen Buchausstattung vermittelte. Darüber hinaus stifteten Steenkens eine »Kohl-Gorbatschow-Gedenkausgabe«. Dabei wurde ein Teil der Editionen von Briefen Goethes für jeden der beiden Politiker in besagtem Stil in der Werkstatt Lüttich in Weimar gebunden und übergeben. Die dafür benötigten Verlagsbroschuren waren 1990 noch in genügender Zahl im Weimarer Böhlau Verlag aufgefunden worden.

Eine besondere historische Situation, an deren feierlicher Umrahmung nicht gespart wurde, gab seinerzeit auch für Otto Dorfner Anlass, die Sophienausgabe in allen 143 Bänden neu zu binden. Für das Jahr 1949 planten die für Goethes Leben wichtigsten Städte Frankfurt am Main und Weimar anlässlich des zweihundertsten Geburtstages Goethes Festlichkeiten, wozu die Wiederherstellung des völlig zerstörten Elternhauses in Frankfurt am Main und des schwer beschädigten Wohnhauses in Weimar gehörten. Die Zäsur des verlorenen Krieges und die Konfrontation mit den Verbrechen des Nationalsozialismus, von denen man vorher nicht wusste, nicht wissen wollte oder aber an ihnen teilgenommen hatte, machten in Deutschland eine Neubestimmung nötig. Die deutsche Klassik bot hierbei eine Möglichkeit zur kulturellen Orientierung. Abzulesen ist das nicht zuletzt an den Veröffentlichungen deutscher Verlage in den ersten Nachkriegsjahren, übrigens in allen vier Besatzungszonen. So wurde etwa Goethes *Faust* zwischen 1945 und 1949 öfter gedruckt als in der Zeit von 1832, dem Todesjahr Goethes, bis 1945.

Als Emigrant und US-Bürger, der als Nobelpreisträger von 1929 zugleich die erste deutsche Republik vor der Diktatur von 1933 repräsentierte, hatte Thomas Mann eingewilligt, in Frankfurt am Main den westdeutschen Goethe-Preis, zudem in Weimar den nur für diese einmalige Verleihung und in Konkurrenz zum Westen gestifteten Goethe-Nationalpreis entgegen – wie auch die Ehrenbürgerwürde der Stadt Weimar anzunehmen. Die Urkunden für letztere beide Auszeichnungen wurden in der Dorfner-Werkstatt geschrieben und eingebunden. Im Westen wurde der Besuch Thomas Manns in der Sowjetischen Besatzungszone heftig kritisiert, doch bildete er in Weimar einen Höhepunkt der dortigen Feierlichkeiten.

Drei Monate zuvor, im Mai 1949, war die Gründung der Bundesrepublik Deutschland durch die Annahme des Grundgesetzes vollzogen worden. Zum Zeitpunkt der Goethe-Festtage in Weimar stand der Gründungsakt der Deutschen Demokratischen Republik im Oktober 1949 noch aus. Entsprechend groß muss das Bedürfnis nach Ermächtigung und Legitimation durch einen Gründungsmythos gewesen sein. Zusätzlich zu den Ehrungen Thomas Manns, zusätzlich zu Fackelzügen, Deklamationen, Rezitationen und Ansprachen erschien im Aufbau-Verlag eine sechsbändige Jubiläumsausgabe, der sogenannte neue »Volks-Goethe«. Es gab Aufführungen der beiden *Faust*-Dramen und Ausstellungen wie: *Gesellschaft und Kultur der Goethezeit*. Im Foyer des Weimarer Nationaltheaters wurde zeitgleich eine *Faust*-Ausstellung mit 32 unterschiedlichen Ausgaben des Dramas gezeigt, allesamt in Einbandentwürfen von Otto Dorfner.

Am selben Ort wurde auch die Schenkung von August Frölich, dem Präsidenten des Thüringer Landtages, an das Goethe- und Schiller-Archiv übergeben: die Sophienausgabe in Großoktav in 143 Neueinbindungen aus der Werkstatt Dorfners. Die Einbände sind uniform in dunkelblaues Saffianleder gebunden und mit sparsamer Silberprägung versehen: Lediglich »Goethe« und die Bandzahl stehen in zweien der Rückenfelder und auf dem Vorderdeckel der Großbuchstabe »G«

34 Ausstellung der Sophienausgabe im Foyer des Weimarer Nationaltheaters zur Übergabe am 24. August 1949 und 35 Die Sophienausgabe im Goethe- und Schiller-Archiv; Aufnahme von 2018. Der Schrank mit seinen Abmessungen von 1,80 Meter Höhe auf eine Breite von 3,80 Metern bei geöffneten Türen hat seine Schutzfunktion bestens erfüllt. Die Kopfgoldschnitte der Bände werfen ihren Widerschein bis heute auf das hell gebliebene und nicht verbräunte Holz des Schrankinneren

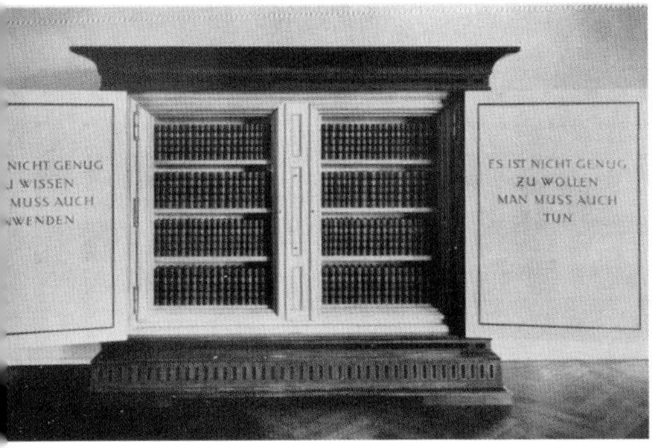

36 Abbildung und Erwähnung in der Monografie von Wolfgang Eckardt als einziger Hinweis auf die Sophienausgabe von 1954 und 37 Kleinerer Bücherschrank der Sophienausgabe mit »G« auf den Außentüren

in Fraktur. Diese von Dorfner selbst und auch in späteren Würdigungen hervorgehobene Minimalisierung der Bandgestaltung macht die Absicht bei der Neueinbindung der Gesamtausgabe deutlich: Die Sophienausgabe ist nun keine Arbeitsgrundlage beim Goethestudium mehr, sondern eine Gabe, die beeindrucken soll. Folgte die ursprüngliche Rückenbeschriftung noch der editorischen Einteilung des Verlags – auf dem ersten Rückenschildchen wird die jeweilige Abteilung mit ihrer eigenen Zählung von 14 bis 63 Bänden ausgewiesen und auf dem zweiten Schildchen bildet sich der Buchinhalt in Überschriften ab –, so fehlen in der Gestaltung Dorfners nicht nur diese, sondern auch andere Findemittel. Die Ausgabe löst sich damit aus der Kongruenz mit allen anderen Sophienausgaben, die eben nicht von Band 1 bis 143 durchnummeriert sind, und steht für sich allein. Gleichzeitig befördert Dorfners Neugestaltung den Eindruck von Geschlossenheit und versammelter Stärke. Ein entnommener Band muss sogleich als eine die beinahe monolithische Ansicht störende Lücke ins Auge fallen. Der abgängige Band kann allerdings schnell aufgrund seiner eindeutigen Nummer wieder in »Reih und Glied« auf seine zugewiesene Position zurückgestellt werden.

In ihrer Aufstellung war diese Sophienausgabe ohnehin äußerst festgelegt, da alle Ganzlederbände mit einer aneinandergestellten Länge von sechs Metern auf acht Regalböden eines »Bücherschreins« ihren Platz finden. Dieser von einem Weimarer Architekten in

Kooperation mit Dorfner entworfene Schrank aus Ahornholz hat zwei Paar Klappläden. Einmal die gegen Staub schützenden Glastüren und dann die ebenfalls abschließbaren und gegen Licht schützenden Außentüren. Auf den Innenseiten sind Leitsätze aus Nussbaumholz intarsiert, auf den Außenseiten jeweils mittig der sechsstrahlige Stern: das Familienwappen Goethes seit seiner Erhebung in den Adelsstand. Der in exzellenter Verarbeitung gefertigte »Schrein« wurde von der früheren Hofkunsttischlerei Scheidemantel ausgeführt, der schon Henry van de Velde seit 1902 einen Gutteil seiner zahlreichen Aufträge übertragen hatte. Noch im hohen Alter lobte Henry van de Velde in seiner Autobiografie *Geschichte meines Lebens* die kongeniale Zusammenarbeit (**ABB. 34, 35**).

Die auf Repräsentation und Würde bedachte Gestaltung des Möbels birgt mittig einen schmalen Schacht zur Aufnahme der kalligrafierten Schenkungsurkunde. Sie ist auf Pergament geschrieben und in Leder gebunden. Für die Übergabe hatte man sich für einen schweren vergoldeten Silberschlüssel entschieden, dessen Griff wiederum den Wappenstern Goethes zeigt. Seine Lederschatulle folgt der schlichten Gestaltung der Bucheinbände.

Das Geschenk an das Goethe-Schiller-Archiv muss so sehr den Geschmack der Zeit getroffen und die Erwartungen nach feierlicher Präsentation befriedigt haben, dass es Folgeaufträge nach sich zog. Im Archiv der Dorfner-Werkstatt finden sich rund zwei Dutzend Zeichnungen zu Varianten des Schrankes. Sie wurden von drei unterschiedlichen Zeichnern in den Jahren 1949 bis 1953 angefertigt.

Wilhelm Pieck, dem ersten und letzten Staatspräsidenten der DDR, wurde zu seinem 75. Geburtstag 1951 ebenfalls eine komplette Sophienausgabe überreicht. Goethes Werke sind ähnlich zurückhaltend wie 1949 gebunden, allerdings in der Variante rostroten Saffianleders mit goldener Rückenprägung und neu entworfenem Versal-»G« für den Vorderdeckel. Die Stiftungsurkunde zeigt als Umschlag keine Ledermappe mit Blindprägung wie 1949, sondern einen stärkeren Einband mit Goldprägung und Metallbeschlägen. Der »Bücherschrein« wartet auf den Innenseiten der Türen mit variierten Leitsätzen auf und ist aus Nussbaum mit Zedernholzintarsien gearbeitet. Die Wahl der im Vergleich zum Schrank für das

Goethe-Schiller-Archiv deutlich ausgesuchteren Hölzer hatte sicher dem künftigen Aufstellungsort Rechnung getragen. Die Sophienausgabe sollte nicht in Piecks Amtszimmer im Schloss Schönhausen in Berlin-Pankow stehen, sondern in der Zedernholzgalerie des Schlosses, einem früheren Gesellschaftsraum der Gemahlin Friedrichs II. Der vollständig erhaltene Schrank gehört heute zum Bestand des Deutschen Historischen Museums in Berlin.

Für die Zeit von 1949 bis 1954 werden in der Literatur insgesamt vier neueingebundene Sophienausgaben mit ihren Schreinen erwähnt. Eine auf 1954 datierte und nur einmal abgebildete Garnitur, also alle 143 Bände im mächtigen Schrank, soll ein weiterer Auftrag der Regierung der DDR gewesen sein. Schrank und rote Ganzledereinbände folgen dem Muster ihrer Vorgänger. Durch die weiteren Zitate Goethes, die auf den geöffneten Türen zu lesen waren, wies er sich als eigenständige Arbeit aus. Vom damaligen Verwendungszweck und dem Verbleib dieses weiteren Exemplars eines »Bücherschreins« ist nichts bekannt (**ABB. 36**).

Ein vierter Satz der Sophienausgabe in der Dorfner-Gestaltung fand sich anlässlich eines Magazinumzugs Ende 2016, als ein über die Jahrzehnte in Vergessenheit geratener Schrank samt seinem kompletten Inhalt im Museumsdepot der Klassik Stiftung Weimar wieder zutage trat. Er unterscheidet sich schon äußerlich durch zwei intarsierte Versal-»G« statt der Goethe-Sterne auf den Außenseiten der hölzernen Türen. Die Innenseiten sind schmucklos. Der Schrank hat weder die Höhe noch die Tiefe der drei anderen Möbel, weil er die komplette Sophienausgabe nicht in Großoktav – bei Dorfner heißt sie »Monumentalausgabe« – beherbergt, sondern die häufigere Ausgabe in gewöhnlichem Format. Die Bände sind sämtlich als Halblederbände ausgeführt. Ihre Rücken zeigen wie bei den Aufträgen für Wilhelm Pieck und die Regierung der DDR rostrotes Saffianleder mit Goldprägung, die Deckel sind dagegen mit einem kräftigen blauen Gewebe bezogen. Auf den Vorderdeckeln ist eine weitere Version des Versal-»G« für Goethe zu sehen. Im Archiv der Dorfner-Werkstatt fand sich ein analoges Muster zuzüglich einer Variante, bei dem der textile Deckelbezug in seiner Farbe dem Leder des Buchrückens angeglichen werden sollte. Schlüssel und Stiftungsmappe sind vorhanden, allerdings fehlt die Pergamenturkunde. Der Anlass und der Adressat der Schenkung werden somit nicht erkennbar. Der durch Zeitzeugen erinnerte Standort in einem Mansardzimmer des Goethe-Wohnhauses 1958 und die Aufstellung innerhalb der 1960 neueröffneten Ausstellung im Goethe-Nationalmuseum bleiben die einzigen früheren Belege für das Vorhandensein von Büchern und Schrank im Besitz des Goethe-Nationalmuseums. Es existieren seltsamerweise weder Zugangsdaten, noch eine andere Inventarisierung (**ABB. 37**).

Nach den Angaben Dorfners war seine Werkstatt mit der Neubindung eines Satzes der Sophienausgabe mehr als ein Jahr beschäftigt, was aus der Praxis der Buchbinderei Lüttich rund vierzig Jahre später, nämlich 1991/92, bestätigt werden kann. An Arbeit kamen der maßgefertigte »Bücherschrein« der Tischlerei Scheidemantel nebst Schlüssel mit Futteral und der Urkunde in ihrer Stiftungsmappe hinzu. Normalerweise hätte ein solcher Auftrag eine öffentliche oder zumindest feierliche Übergabe erforderlich gemacht, die in der zeitgenössischen Presseberichterstattung, in der Fachliteratur oder der Überlieferung der besitzenden Institution auch heute noch nachvollziehbar sein müsste. Schließlich und nicht zuletzt hatte jede Schenkung von dieser Art und Umfang, wie aufgezeigt, eine dezidiert politische Aufgabe zu erfüllen. Die Übergaben an das Goethe-Schiller-Archiv 1949 und an Wilhelm Pieck 1951 können so in ihrem politischen Kontext gesehen werden.

Zu der prächtigen Ausgabe von 1954 und jener nicht datierbaren kleineren Garnitur im Besitz des Goethe-Nationalmuseums fehlt dagegen jegliche Erklärung.

In Familie und Werkstatt Dorfners existierte die mündliche Überlieferung eines von der Regierung der DDR für Josef Stalin in Auftrag gegebenen »Bücherschreins« – allerdings ohne jeden Beleg. Zeitlich könnte sich diese Mitteilung auf das obige Möbel samt Büchern von 1954 bezogen haben. Beim Weiterleben des Diktators wären in diesem Jahr in allen Volksrepubliken große Ehrungen zu seinem 75. Geburtstag anberaumt worden. Aber »ein Schrank mit 150 (sic!) Werken Goethes« wird auch in einem Zeitungsbericht zur feierlichen Eröffnung des zweiten Erweiterungsbaus des

Goethe-Nationalmuseums. erwähnt. Diese fand allerdings bereits am 28. August 1935 statt! Falls es sich bei diesem Schrank um den obigen, schlicht ausgeführten »Schrein« ohne Datierung handeln würde, dann wäre der also keineswegs ein dritter oder weiterer Auftrag nach 1945 gewesen, sondern ein Vorläufer in einer durchaus anderen historischen Situation: Der lange vorher geplante und 1935 eröffnete Erweiterungsbau war erst durch eine private Geldspende von Adolf Hitler möglich geworden und wurde zu jener Zeit entsprechend beworben.

Der Neoklassizismus des uns überlieferten Möbels lässt eine eindeutige Zuordnung in die Hitler- oder Stalinzeit nicht zu. Das gleiche gilt für die dazugehörigen Einbände. So lange, wie schriftliche oder datierbare fotografische Zeugnisse fehlen, bleibt sein Vorhandensein rätselhaft und der Ort seiner ursprünglichen Bestimmung ungewiss.

38 Halblederband der Sophienausgabe als Muster für den Schrank auf Abb. 37

Literatur (Auswahl)

Borchmeyer 1989
Dieter Borchmeyer, Sophiens Reise von Weimar nach München. Zum Nachdruck der Weimarer Ausgabe, in: Goethe-Jahrbuch 106, 1989, S. 230–239.

Brinks 2003
John Dieter Brinks (Hg.): Das Buch als Kunstwerk. Die Cranach Presse des Harry Graf Kessler, Laubach/Berlin 2003.

Brinks 2007
John Dieter Brinks, Denkmal des Geistes. Die Buchkunst Henry van de Veldes, Laubach/Berlin 2007.

Dorfner 1950
Otto Dorfner, Das Goethejahr 1949, in: Allgemeiner Anzeiger für Buchbindereien 63, 1950, S. 46f.

Eckardt 1960
Wolfgang Eckardt, Otto Dorfner, Stuttgart 1960.

Hecker 1989
Jutta Hecker, Großherzogin Sophie oder Die Pflicht der Erben; in: dies., Wunder des Worts. Leben im Banne Goethes, Berlin 1989.

Ausst.-Kat. Weimar 1950
Deutsche Buchkunst, Entwurf und Ausführung von Otto Dorfner, Mitarbeit Willi Leibiger und Rudolf Ebert, veranstaltet vom Rat der Stadt Weimar zur 700-Jahrfeier (Ausst.-Kat. Thüringer Landtag, Weimar), Weimar 1950.

Ausst.-Kat. Weimar 1955
Malerei, Graphik, Buchkunst. Werke von Alexander von Szpinger, Walther Klemm, Otto Dorfner (Ausst.-Kat. Weimar), Erfurt 1955.

Ausst.-Kat. Stuttgart 1955
Papier. Werkstoff des Druckers. Buchkunst. Der gestaltete Einband (Ausst.-Kat. Landesgewerbeamt Baden-Württemberg/Graphischer Klub Stuttgart e.V.), Stuttgart 1955.

Ausst.-Kat. Kirchheim unter Teck/Weimar 1999/2000
Zwischen van de Velde und Bauhaus. Otto Dorfner und ein wichtiges Kapitel der Einbandkunst/ De van de Velde au Bauhaus. Otto Dorfner et la reliure en Allemagne, hg. von Mechthild Lobisch (Ausst.-Kat. Kirchheim unter Teck/Weimar), Wiesbaden 1999.

Ausst.-Kat. Weimar 2014
Das Bauhaus-Netzwerk von Otto Dorfner in Weimar, hg. von Michael Siebenbrodt und Beate Dorfner-Erbs (Ausst.-Kat. Bauhaus-Universität Weimar), Weimar 2014.

Lüttich 1935
Fritz Lüttich, 100 Jahre Max Lüttich. Ein Beitrag zur Weimarer Buchbindergeschichte 1835–1935, Weimar 1935.

Rodenberg 1955
Julius Rodenberg, Otto Dorfner, Berlin 1955.

Sellinat 2013
Frank Sellinat, Goethes Werke, Goethes Faust: ausgebreitet über alles, in: Einband-Forschung. Informationsblatt des Arbeitskreises für die Erfassung, Erschließung und Erhaltung historischer Bucheinbände (AEB), H. 32, Berlin 2013, S. 58–67.

Sellinat/Ritz 2013
Frank Sellinat und Frank Simon-Ritz, Henry van de Velde als Buch- und Bibliotheksgestalter in Weimar. Ein Beitrag zum Jubiläumsjahr 2013, in: Imprimatur, NF, J. 23, 2013, S. 305–322.

Steenken 1994
Helmuth Steenken, Ein Goethe im Kanzleramt. Die Weimarer Ausgabe und die Frage nach dem »richtigen« Goethe, in: Goethe-Jahrbuch 111, 1994, S. 309–314.

Weber 1994
Klaus Weber, Henry van de Velde. Das buchkünstlerische Werk, Freiburg im Breisgau 1994.

Impressum

WERKSTATT OTTO DORFNER
BUCHKUNST IN WEIMAR
Ab 6. April 2019
Eine Ausstellung der Klassik Stiftung Weimar
www.klassik-stiftung.de

Förderung durch

EFRE EUROPA FÜR THÜRINGEN EUROPÄISCHER FONDS FÜR REGIONALE ENTWICKLUNG | EUROPÄISCHE UNION

Autorin und Autoren John Dieter Brinks, Beate Dorfner-Erbs, Thomas Föhl, Frank Sellinat
Lektorat Katrin Boskamp-Priever, Hepstedt
Bildredaktion Thomas Föhl
Projektleitung Hirmer Verlag Kerstin Ludolph
Projektmanagement Hirmer Verlag Ann-Christin Fürbaß
Gestaltung Hirmer Verlag Peter Grassinger und Hannes Halder
Lithografie Reproline Genceller, München
Papier Gardamatt Art
Schriften Chronicle Text, Madera
Druck Westermann Druck, Zwickau

www.hirmerverlag.de

Abbildungen
Umschlag vorne Otto Dorfner, Einband zu Friedrich Nietzsche, *Also sprach Zarathustra*, 1914 (Entwurf: Henry van de Velde)
Umschlag hinten Otto Dorfner (mittig stehend) im Kreis von Mitarbeitern und Schülern im Direktorenzimmer Henry van de Veldes in der ehemaligen Kunstgewerbeschule, um 1920
Frontispiz Otto Dorfner im Kreis von Schülern (Ausschnitt), um 1930
Seite 4 Otto Dorfner, Einband zu Rainer Maria Rilke, *Duineser Elegien*, um 1925
Seite 112 Klischee eines Versal-»G« für die Einbände der Sophienausgabe, nach 1949

Bibliografische Information der Deutschen Nationalbibliothek Die Deutsche Nationalbibliothek verzeichnet diese Publikation in der Deutschen Nationalbibliografie; detaillierte bibliografische Daten sind im Internet über www.dnb.de abrufbar.

ISBN 978-3-7774-3279-3

Bildnachweis
Dieter Mauersberger, Berlin Abb. 8, 9
Klassik Stiftung Weimar, Herzogin Anna Amalia Bibliothek, Fotothek Frontispiz, Abb. 6, 7, 10–12, 14–22, 24, 31, 34, 36–39
Klassik Stiftung Weimar, Bildarchiv John Dieter Brinks Umschlagvorderseite, Abb. 13, 23
Privatbesitz Abb. 3, 32, 33, 35
Privatbesitz Weimar Umschlag hinten, Abb. S. 4, Abb. 1, 2, 4, 5, 25–30